星载光学几何定标方法

蒋永华 著

科学出版社

北京

内 容 简 介

光学遥感对地观测技术是人类获取地球空间信息的重要手段,在国民经济建设中具有不可替代的作用。光学遥感影像的几何质量直接影响其应用效果,而几何定标是保障光学卫星影像几何定位精度的重要手段。本书针对高分辨率星载光学卫星,系统介绍在轨几何定标方法,分别介绍线阵推扫卫星几何成像模型、成像链路几何误差源及对定位的影响机理、基于定标场控制数据的几何定标模型方法、不依赖定标场的几何定标模型方法和相关在轨卫星试验验证。

本书可供测绘、国土、航天、规划、农业、林业、资源环境、遥感、地理信息系统等空间地理信息相关行业的生产技术人员和科研工作者参考。

图书在版编目(CIP)数据

星载光学几何定标方法/蒋永华著.—北京:科学出版社,2020.9
ISBN 978-7-03-065905-7

Ⅰ.① 星… Ⅱ.① 蒋… Ⅲ.①航天器-光学遥感-定位法-研究 Ⅳ.①V423

中国版本图书馆 CIP 数据核字(2020)第 158151 号

责任编辑:杨光华/责任校对:高 嵘
责任印制:彭 超/封面设计:苏 波

科 学 出 版 社 出版
北京东黄城根北街 16 号
邮政编码:100717
http://www.sciencep.com

武汉精一佳印刷有限公司印刷
科学出版社发行 各地新华书店经销
*
开本:B5(720×1000)
2020 年 9 月第 一 版 印张:10 1/2
2020 年 9 月第一次印刷 字数:212 000
定价:**139.00 元**
(如有印装质量问题,我社负责调换)

前　　言

　　遥感对地观测技术是人们获取地球空间信息的重要手段，在国民经济建设中具有不可替代的作用。目前，我国自行发射的遥感卫星为人们提供了大量的卫星影像数据，较大地缩短了基础地理空间信息的获取周期。但与我国具有的卫星影像数据获取能力不协调的是大量的国产卫星数据没有得到有效利用，这与国产卫星影像几何定位精度较低有着重要关系。立足我国现有的硬件设备条件，研究通过在轨几何定标来提升国产卫星几何定位精度，解决阻碍国产卫星后续应用的几何瓶颈，无疑具有重大意义。

　　在 2010 年启动实施的高分专项推动下，天绘系列卫星、资源三号卫星及高分系列卫星陆续发射，我国在航天遥感领域取得了系列突破和可喜成果。自 2010 年起，在多个项目的支持下，我们针对系列卫星的在轨定标取得了初步进展：①构建了适用于我国遥感卫星的高精度定标模型，2012 年负责对我国首颗民用立体测绘卫星资源三号开展在轨定标，定标后精度领先国外同类卫星；②针对我国卫星因国内几何定标场少而无法实现快速、常态化定标的问题，在国内率先提出了完整的无场几何定标方法，开展了在轨真实数据验证，积极推动我国常态化几何定标技术体系构建；③研制了相关软件系统，支持了我国测绘、遥感、资源和商业等 15 型 35 颗卫星的高精度几何定标。

　　为了加强与各位同仁交流，促进我及团队在光学卫星影像几何定标的创新发展，将多年来在线阵推扫式光学卫星高精度几何定标方向的研究成果进行归纳总结，以几何定位模型、定位误差分析及仿真、定标场几何定标、无场几何定标、几何质量评价方法为章节主线，形成本书的主体内容。

　　在近十年的研究过程中，得到多项课题的资助，在此对这些课题资助单位的领导与管理人员表示感谢。并对课题研究中的合作单位的研究伙伴一并致谢，感谢他们在我研究中的无私关怀、鼓励与奉献。

　　感谢研究团队人员管志超、王京印、刘伟玲、张莉、昌明明、师英蕊等为本书编辑工作和相关试验做出的努力。

　　由于卫星信息精处理方向发展迅速，而我的水平有限，本书中还存在许多不足，敬请各位同仁批评指正，本人深表感谢！

作　者

2020 年 6 月 30 日

目　　录

第1章 绪 论

光学遥感卫星能够长时间、周期性地对地球成像，具备数据获取快速、成本低且不受区域限制的优势，已经成为人们获取地球空间信息的重要手段，不仅在国民经济建设中具有重要的价值，在国防建设中也具有不可替代的作用。本章将对国内外高分光学卫星的发展现状及几何定标的研究现状进行总结。

1.1 国内外高分光学卫星发展现状

1.1.1 国外高分光学卫星发展现状

国外光学遥感卫星研究开始时间较早。目前，美国拥有全球连续对地持续观测时间最长（长达40余年）的Landsat系列（1972年开始）[1]、全球第一颗提供高分辨率商业卫星影像的IKONOS系列（1999年开始）[2]、全球最先提供亚米级分辨率的商业卫星QuickBird（2001年）[3]、标志着分辨率优于0.5 m的商用遥感卫星进入实用阶段的Geoeye卫星（2008年）[4]和代表了美国当前商业遥感卫星最高水准的WorldView系列（2007年开始）[5]。法国2002年发射的SPOT-5卫星是一颗在我国1∶50000比例尺测绘领域应用极广的商业遥感测绘卫星，此后于2011年至2014年期间顺次发射的Pleiades 1A、SPOT-6、Pleiades 1B和SPOT-7可以实现对全球任意地点2日内进行重访，其中SPOT-6、SPOT-7卫星分辨率最高可达1.5 m，Pleiades 1A/1B可以提供0.5 m分辨率的极高分辨率影像[6]。德国于2008年8月发射的5颗RapidEye卫星是第一个提供红外频段数据的商业卫星，可以有效监测植被变化[7, 8]。俄罗斯拥有发展迅速的Resurs系列卫星，拥有全色相机、光谱扫描仪、合成孔径雷达和微波辐射计等多种载荷种类，2013年发射的Resurs-P卫星，分辨率已能达到全色1 m和多光谱4 m[9]。印度于2007年至2010年先后发射的Cartosat-2、Cartosat-2A和Cartosat-2B三颗卫星组成星座，能够提供0.8 m分辨率的全色影像，重访周期为4天，正在研制新一代遥感卫星Cartosat-3系列，其第一颗卫星Cartosat-3A将提供优于0.3 m分辨率全色影像和1 m分辨率多光谱影像，发展势头强劲[10]。日本于2006年发射的同时具备光学和雷达成像能力的ALOS-1卫星，能够提供2 m全色影像和10 m多光谱影像[11]。目前日本正计划于 2020 年发射 ALOS-3 卫星，届时将可以提供 0.8 m 全色影像和 5 m 多光谱影像。韩国于 2012 年发射的 Kompsat-3 卫星分辨率达到了全色 0.7 m、多光谱 2.8 m，基本掌握了亚米级光学遥感卫星技术[12]。以色列先后于 2000 年和 2006 年发射了全色分辨率 1.8 m 的 EROS-A 卫星和全色分辨率为 0.7 m 的 EROS-B1 卫星，并计划未来发射 6 颗相同的 EROS-B 卫星组成星座，使得重访周期可缩短到 1 天以内[13]。泰国也于 2008 年发射了 THOES 卫星，该卫星拥有 2 m 全色分辨率影像和 15 m 多光谱分辨率影像，可应用于制图、土地调查及资源调查等方面[14]。

1.1.2 国内高分光学卫星发展现状

我国遥感卫星的发展经历了一个从无到有，从有到好的快速发展过程。自 1999 年发射中巴地球资源卫星（CBERS-01）后，我国陆续设计并发射了系列高分辨率光学遥感卫星（"高分辨率对地观测系统"）。1977 年，我国开始研制气象卫星，分别在 1988 年、1990 年和 1999 年先后发射了风云 1 号 A、B 和 C 气象卫星，为气象研究提供了充足的数据支持[15]。2012 年，我国发射资源三号（ZY3-01）卫星，解决了我国 1∶50000 比例尺测图自主数据供应难题，实现了我国民用高分辨率立体测绘卫星领域零的突破，是我国卫星测绘发展史上一座新的里程碑[16, 17]。2010 年 8 月 24 日，我国第一代传输立体测绘卫星天绘一号发射成功，它集成了三线阵 CCD 相机、2 m 高分辨率全色相机和多光谱相机，是我国第一个完全自主产权和国产化的集数据接收、运控管理、产品生产和应用服务为一体的地面应用系统，后分别于 2012 年 5 月 6 日和 2015 年 10 月 26 日成功发射了天绘一号 02 星和 03 星，并组网运行[18]。2015 年 10 月，由我国自主研发的"吉林一号"卫星发射成功，它开创了我国商业卫星的先河，2020 年 4 月 24 日，它发布了高清遥感影像[19]。2017 年 6 月 15 日，"珠海一号"卫星在酒泉卫星发射中心发射成功，它是中国首家由民营上市公司建设并运营的卫星，提供了高清的视频卫星影像[20]。2010 年全面启动的"中国高分辨率对地观测系统重大专项"（简称高分专项）是《国家中长期科学和技术发展规划纲要（2006—2020 年）》确定的重大专项之一，计划到 2020 年前发射 7 颗卫星和其他观测平台，分别编号为"高分一号"到"高分七号"（"高分辨率对地观测系统"）。2013 年 4 月我国成功发射的高分一号卫星，搭载有 2 m 分辨率全色、8 m 分辨率多光谱分相机，并携带 16 m 分辨率幅宽 800 km 的宽幅相机，实现了高空间分辨率、多光谱与高时间分辨率的结合①。2014 年 8 月发射的高分二号卫星，携带了全色分辨率优于 1 m、多光谱分辨率优于 4 m 的

---

① 引自：http://www.cstind.com/index.php?m=content&c=index&a=show&catid=145&id=48.

高分辨率相机，实现了较高的空间分辨率，标志着我国民用遥感卫星跨入亚米时代，国内迎来了高分光学卫星发展的高潮[①]。高分三号卫星于 2016 年 8 月 10 日在太原卫星发射中心成功发射入轨，是一颗分辨率优于 1 m C 频段多极化合成孔径雷达（synthetic aperture radar，SAR）卫星[②]。高分四号卫星于 2015 年 12 月 29 日在中国西昌卫星发射中心用长征三号乙运载火箭成功发射，它是我国第一颗地球同步轨道遥感卫星，具备可见光、多光谱和红外成像能力，并且可见光光谱分辨率优于 50 m，红外谱段分辨率优于 400 m[③]。高分五号卫星于 2018 年 5 月 9 日在太原发射中心发射成功，它填补了国产卫星无法有效探测区域大气污染气体的空白，在 60 km 幅宽和 30 m 空间分辨率下可获取可见光至短波红外光谱图像，可见光光谱分辨率达到 5 nm[④]。2018 年 6 月高分六号卫星发射成功，该卫星属于高分一号卫星的后继，它仍是一颗全色 2 m 分辨率、多光谱 8 m 分辨率的普查卫星[⑤⑥]。2019 年 11 月 4 日我国在太原卫星发射中心成功发射了高分七号卫星，它是我国首颗民用亚米级高分辨率卫星，以及 1∶10000 比例尺立体测绘卫星，高分七号卫星配置 1 台双线阵相机和 1 台激光测高仪，其中，双线阵相机可连续观测获取地面重叠影像，用于获得立体影像，实现我国民用 1∶10000 比例尺卫星立体测图；激光测高仪配置有 2 波束的 1064 nm 激光，可对地形条件复杂的地区进行测绘，在少控制点情况下，可进一步提高卫星的高程定位精度[21]。

1.2　国内外几何定标研究现状

1.2.1　国外几何定标研究现状

在轨几何检校主要是通过地面手段消除星上成像系统误差，提升几何定位精度。国外在该领域发展相对成熟，尤其是法国，自 1986 年发射 SPOT1 以来，一直开展高精度几何检校研究，在全球范围内建立了 21 个几何检校场，对 SPOT 系列卫星实现了高精度几何检校。如 2002 年发射 SPOT5 卫星后，法国国家空间研究中心（Centre National d'Etudes Spatiales，CNES）组织相关部门，建立了星敏相机光轴夹角误差模型及 5 次多项式拟合的内方位元素误差模型，采用分布定

---

① 引自：http://scitech.people.com.cn/n/2014/0820/c1007-25500423.html.
② 引自：http://scitech.people.com.cn/n1/2016/0811/c1007-28627328.html.
③ 引自：http://military.people.com.cn/n1/2016/0614/c1011-28442085.html.
④ 引自：https://baijiahao.baidu.com/s?id=16286809492815314.
⑤ 引自：http://scitech.people.com.cn/n1/2018/0602/c1007-30030495.html
⑥ 引自：http://paper.people.com.cn/rmrbhwb/html/2019-03/22/content_1915180.htm.

标策略，实现了精确校准[22, 23]；最终 SPOT5 单片无地面控制平面定位精度达到 50 m（均方根），无控制下的多立体像对高程定位精度达到 15 m（RMS）[24-26]。

美国 1999 年发射的 IKONOS 卫星是世界上第一颗高分辨率商业卫星。卫星发射后美国国家宇航局等单位对其进行了在轨几何检校，以保障几何定位精度。利用 Denver、Lunar lake 等多个几何检校场，对各像素在相机坐标系下的指向（the field angle map，FAM）及相机星敏光轴夹角（interlock angles）进行了检校[25]，最终在无地面控制条件下达到平面 12 m（RMS）、高程 10 m（RMS）的定位精度；类似于 IKONOS，美国研究者采用航空影像对 GeoEye-1 卫星的各像素在相机坐标系下的指向及相机星敏光轴夹角进行了周期性检校，如 2010 年对相机星敏光轴夹角进行了 4 次检校更新[27]，最终，GeoEye-1 无控定位精度优于 3 m[5]；Mulawa 对 2003 年发射的 Orbview-3 卫星进行了在轨几何检校，基于联合滤波、精密定轨结果，建立了严格而灵活的自检校区域网平差模型。最终，利用覆盖美国得克萨斯州几何检校场的 13 景全色影像及 2 景多光谱影像完成了定标解算，单片无控制点平面定位精度达到 10 m（RMS），立体像对平面定位精度达到 7.1 m（RMS）、高程定位精度达到 9.1 m（RMS）[28]。

日本 2006 年发射的 ALOS 卫星，其搭载的全色立体成像仪（panchromatic remote-sensing instrument for stereo mapping，PRISM）传感器带有前视、正视、后视三个相机。ALOS 标定小组开发了一套卫星影像精密处理软件系统（satellite image precision processing，SAT-PP），该软件采用整体定标技术，利用附加参数的自检校区域网平差方法，解求了 3 个相机的总共 30 个附加参数；利用分布于日本、意大利、瑞士、南非等地的多个地面定标场进行在轨几何定标，最终无控平面定位精度达到 8 m，高程定位精度达到 10 m[29-31]。

国外上述研究都是利用几何定标场控制数据实现高精度几何定标。2011 年法国发射 Pleiades 卫星后，法国国家空间研究中心的研究人员利用该卫星的高敏捷成像能力，提出了不依赖于几何定标场的系列自检校方法，在不依赖外部高精度控制数据的条件下实现了系统误差的消除补偿，并得到了不逊于常规定标场方法的定标精度[28]。然而，该方法的实现，依赖 Pleiades 卫星的高敏捷、高稳定性。

1.2.2　国内几何定标研究现状

国内对线阵推扫式光学卫星的在轨几何定标研究起步较晚，且研究初期主要针对外方位元素定标。张过等[32]分析了不同姿态角对几何定位的影响，提出了利用不同成像条件影像分别求解偏置矩阵角度的方法，最终遥感二号无控制定位精度达到 152 m；祝小勇等[33]研究了资源一号 02B 系统误差补偿方法，将其定位精

度从 860 个像素提升至 216 个像素。姿态系统误差补偿，虽然对提升卫星影像的
系统定位精度有一定效果，但却无法消除相机内部高阶畸变，导致定标后的影像
定位模型中仍然存在较大几何畸变。国内学者逐渐重视对内方位元素定标的研究，
2012 年我国首颗民用立体测绘卫星资源三号发射以后，蒋永华等[34] 提出了多定标
场联合的在轨几何定标模型，消除了资源三号各载荷安装误差、相机畸变等系统
误差，最终资源三号无控制条件下平面精度优于 10 m[35]，高程精度优于 5 m；带
控制条件下平面精度优于 3 m，高程精度优于 2 m。杨博等[36] 以相机安装角及指
向角作为外、内检校参数对资源一号 02C 全色相机进行在轨几何检校，最终检校
后带控制定位精度在 1 个像素左右；王密等[37] 利用 LandSat-8 数字正射影像与
GDEM2 数字高程模型，对高分四号卫星进行在轨几何定标，几何定位精度明显
提升，标定后精度优于 1 个像素。

国内针对交叉定标、无场定标的研究较少。丁华祥等[38] 提出基于全球 Google
Earth、SRTM 等公众地理信息数据来完成资源 02C 卫星 P/MS 相机的几何定标，
并取得了较好的结果。但是，该方法受限于公众地理信息数据的自身精度，并不
能满足亚米级卫星的高精度几何定标；针对外方位元素定标，蒋永华等[39] 提出了
不依赖地面控制点的外方位元素自定标方法，采用仿真数据验证了方法的正确性，
结果表明该方法能够补偿外方位元素误差，有效提升无控几何定位精度；Guan
等[40] 提出了基于星敏–相机恒星观测的安装定标方法，利用 Luojia1-01 星开展了
在轨实验，结果表明该方法在不依赖地面控制的条件下，可达到与场地定标方法
相近的定位精度。针对内方位元素定标，蒋永华等[41] 借鉴辐射交叉定标思想，提
出一种多星小交会角影像的几何交叉定标方法，利用 Yaogan4、ZY3-01 和 ZY02C
卫星在轨数据开展了实验验证，表明几何交叉定标与定标场定标精度仅相差 0.1
像素左右；蒋永华等[41, 42] 提出了一种单星无场内方位元素定标方法，利用同一颗
星对同一区域拍摄的小交会角影像，通过同名点定位一致性约束准确恢复内方位
元素，利用 ZY02C 卫星影像开展了实验验证，结果表明在完全不需要高精度控制
的条件下，无场定标与场地定标精度仅相差 0.02 像素。

1.3 本书的内容与组织结构

本书以研究星载光学几何定标方法为核心目的展开，共分 6 章，图 1.1 给出
了本书的逻辑组织结构图，本书的安排如下。

第 1 章：绪论。介绍当前国内外高分光学卫星发展现状和目前国内外几何定
标研究现状。

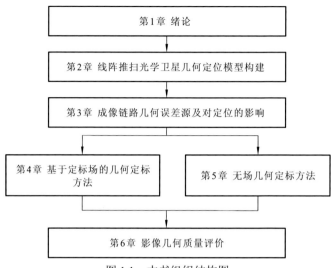

图 1.1 本书组织结构图

第 2 章：线阵推扫光学卫星几何定位模型构建。首先介绍光学卫星几何定位原理；然后给出几何定位模型所涉及的各个坐标系的定义及不同坐标系之间的转换；最后通过正变换建立从影像到地面的几何定位模型和通过反变换建立从地面到影像的几何定位模型。

第 3 章：成像链路几何误差源及对定位的影响。从线阵推扫光学卫星几何定位误差分析入手，介绍内方位元素误差对几何定位的影响。同时，开展仿真试验对其影响规律进行验证。

第 4 章：基于定标场的几何定标方法。根据第 2 章和第 3 章建立的几何定位模型及对成像链路几何误差源的分析，建立内外方位元素定标模型，并且以资源三号、YG14 和珠海一号的数据开展试验验证。

第 5 章：无场几何定标方法。介绍无场外定标和无场内定标，并利用仿真数据、真实卫星在轨数据开展试验验证。

第 6 章：影像几何质量评价。重点介绍定标后的几何精度评价方法。

参 考 文 献

[1] BARKER J L, SEIFERTH J C. Landsat thematic mapper band-to-band registration[C] // International Geoscience and Remote Sensing Symposium, 1996, 3: 1600-1602.

[2] GUIENKO G A. Geometric accuracy of IKONOS: Zoom in[J]. IEEE Transactions on Geoscience and Remote Sensing, 2004, 42(1): 209-214.

[3] 张新伟, 戴君, 刘付强. 敏捷遥感卫星工作模式研究[J]. 航天器工程, 2011, 20(4): 32-38.

[4] FRASER C S, RAVANBAKHSH M. Georeferencing performance of GeoEye-1[J]. Photogra-mmetric Engineering and Remote Sensing, 2009, 75(6): 634-638.

[5] AGUILAR M A, SALDANA M D M, AGUILAR F J. Assessing geometric accuracy of the orthorectification process from GeoEye-1 and WorldView-2 panchromatic images[J]. International Journal of Applied Earth Observation and Geoinformation, 2013, 21: 427-435.

[6] BOUILLON A, BRETON E, DE LUSSY F, et al. SPOT5 geometric image quality[C]// International Geoscience and Remote Sensing Symposium, 2003, 1: 303-305.

[7] TYC G, TULIP J, SCHULTEN D, et al. The RapidEye mission design[J]. Acta Astronautica, 2005, 56(1): 213-219.

[8] EITEL J U H, LONG D S, GESSLER P E, et al. Using in-situ measurements to evaluate the new RapidEyeTM satellite series for prediction of wheat nitrogen status[J]. Journal of Remote Sensing, 2007, 28(18): 4183-4190.

[9] LEONOV A, CYAMUKUNGU M, CABRERA J, et al. Pitch angle distribution of trapped energetic protons and helium isotope nuclei measured along the Resurs-01 No.4 LEO satellite[J]. Annales Geophysicae, 2005, 23(9): 2983-2987.

[10] MARTHA T R, KERLE N, JETTEN V G, et al. Landslide volumetric analysis using Cartosat-1-Derived DEMs[J]. IEEE Geoscience and Remote Sensing Letters, 2010, 7(3): 582-586.

[11] ROSENQVIST A, SHIMADA M, ITO N, et al. ALOS PALSAR: A pathfinder mission for global-scale monitoring of the environment[J]. IEEE Transactions on Geoscience and Remote Sensing, 2007, 45(11): 3307-3316.

[12] HWANG Y, LEE B, KIM Y, et al. GPS-based orbit determination for KOMPSAT-5 satellite[J]. Etri. Journal, 2011, 33(4): 487-496.

[13] LEVIN N, JOHANSEN K, HACKER J M, et al. A new source for high spatial resolution night time images: The EROS-B commercial satellite[J]. Remote Sensing of Environment, 2014, 149: 1-12.

[14] LIGHTHOLDER J, THOESEN A, ADAMSON E, et al. Asteroid origins satellite (AOSAT) I: An on-orbit centrifuge science laboratory[J]. Acta Astronautica, 2017: 81-94.

[15] 杨军, 董超华, 卢乃锰, 等. 中国新一代极轨气象卫星: 风云三号[J]. 气象学报, 2009, 67(4): 501-509.

[16] 李德仁, 王密. "资源三号"卫星在轨几何定标及精度评估[J]. 航天返回与遥感, 2012, 33(3): 1-6.

[17] 李德仁. 我国第一颗民用三线阵立体测图卫星: 资源三号测绘卫星[J]. 测绘学报, 2012, 41(3): 317-322.

[18] 胡莘. 天绘一号卫星工程及应用[M]. 北京: 测绘出版社, 2014.

[19] 李贝贝, 韩冰, 田甜, 等. 吉林一号视频卫星应用现状与未来发展[J]. 卫星应用, 2018(3): 25-29.

[20] 宋城. 小型运载火箭"飞天一号"亮相珠海航展[J]. 中国设备工程, 2014(12): 3.

[21] 李德仁, 童庆禧, 李荣兴, 等. 高分辨率对地观测的若干前沿科学问题[J]. 中国科学(地球科学), 2012(6): 15-23.

[22] VALORGE C, MEYGRET A, LEBEGURE L, et al. Forty years of experience with SPOT in-flight Calibration[A]. Post-Launch Calibration of Satellite Sensors, 2004: 119-133.

[23] BRETON E, BOUILLON A, GACHET R, et al. Pre-flight and in-flight geometric calibration of SPOT 5 HRG and HRS images[J]. International Archives of the Photogrammetry, Remote Sensing and Spatial Information Sciences, 2002, 34: 1-6.

[24] BOUILLON A, BRETON E, DE LUSSY F, et al. SPOT5 HRG and HRS first in-flight geometric quality results[C]// International Symposium on Remote Sensing, 2003, 4881: 212-223.

[25] DIAL G, BOWEN H S, GERLACH F W, et al. IKONOS satellite, imagery, and products[J]. Remote Sensing of Environment, 2003, 88(1): 23-36.

[26] JIANSHENG T B. A research on SPOT5 supermode image processing[J]. Remote Sensing Technology and Application, 2011, 19(4): 249-252.

[27] CRESPI M, COLOSIMO G, DE VENDICTIS L, et al. GeoEye-1: Analysis of radiometric and geometric capability[A]//Sithamparanathan K, Marchese M, Ruggieri M, et al., eds. Personal Satellite Services[C]. Berlin: Springer, 2010: 354-369.

[28] MULAWA D. On-orbit geometric calibration of the OrbView-3 high resolution imaging satellite[J]. International Archives of Photogrammetry, Remote Sensing and Spatial Information Sciences, 2004, 35: 1-6.

[29] TADONO T, SHIMADA M, WATANABE M, et al. Calibration and validation of PRISM onboard ALOS[J]. International Archives of Photogrammetry, Remote Sensing and Spatial Information Sciences, 2004, 35(1): 13-18.

[30] TAKAKU J, TADONO T. PRISM on-orbit geometric calibration and DSM performance[J]. IEEE Transactions on Geoscience and remote Sensing, 2009, 47(12): 4060-4073.

[31] TADONO T, SHIMADA M, MURAKAMI H, et al. Calibration of PRISM and AVNIR-2 onboard ALOS "Daichi"[J]. IEEE Transactions on Geoscience and Remote Sensing, 2009, 47(12): 4042-4050.

[32] 张过, 袁修孝, 李德仁. 基于偏置矩阵的卫星遥感影像系统误差补偿[J]. 辽宁工程技术大学学报, 2007(4): 41-43.

[33] 祝小勇, 张过, 唐新明, 等. 资源一号02B卫星影像几何外检校研究及应用[J]. 地理与地理

信息科学, 2009, 25(3): 16-27.

[34] 蒋永华, 张过, 唐新明, 等. 资源三号测绘卫星三线阵影像高精度几何检校[J]. 测绘学报, 2013, 42(4): 523-553.

[35] GAO X M, TANG X M, ZHANG G, et al. The geometric accuracy validation of the ZY-3 mapping satellite[J]. ISPRS-International Archives of the Photogrammetry, Remote Sensing and Spatial Information Sciences, 2013, 1(1): 111-115.

[36] 杨博, 王密. 资源一号 02C 卫星全色相机在轨几何定标方法[J]. 遥感学报, 2013(5): 147-162.

[37] 王密, 程宇峰, 常学立, 等. 高分四号静止轨道卫星高精度在轨几何定标[J]. 测绘学报, 2017, 46(1): 53-61.

[38] 丁华祥, 张勇, 邹松柏. 资源 02C 卫星 P/MS 相机内方位几何标定方法研究[J]. 测绘地理信息, 2014, 39(1): 78-82.

[39] 蒋永华, 徐凯, 张过, 等. 线阵推扫光学卫星外方位元素自检校方法[J]. 同济大学学报(自然科学版), 2016, 44(8): 1266-1271.

[40] GUAN Z, JIANG Y, WANG J, et al. Star-based calibration of the installation between the camera and star sensor of the Luojia 1-01 satellite[J]. Remote Sensing, 2019, 11(18): 1-18.

[41] JIANG Y H, ZHANG G, CHEN P, et al. Systematic error compensation based on a rational function model for Ziyuan1-02C[J]. IEEE Transactions on Geoscience and Remote Sensing, 2015, 53(7): 3985-3995.

[42] JIANG Y H, ZHANG G, WANG T Y, et al. In-orbit geometric calibration without accurate ground control data[J]. Photogrammetric Engineering and Remote Sensing, 2018, 84(8): 485-493.

第 2 章　线阵推扫光学卫星几何定位模型构建

2.1　光学卫星几何定位原理

如图 2.1 所示，线阵推扫光学卫星采用时间延迟积分电荷耦合器件（time delayed and integration charge coupled devices，TDICCD）线阵列推扫成像，单次曝光成像仅获取相机视场内的一行图像，而随着卫星与地面的相对运动，相机随卫星运动扫描地面不同区域最终形成二维图像。因此，线阵推扫卫星单行成像符合线中心投影原理，可依据经典共线方程建立其几何定位模型[1]。

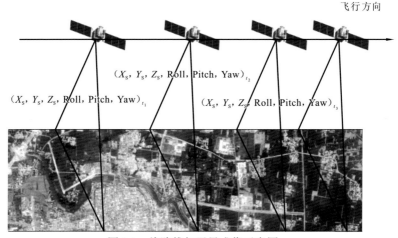

图 2.1　线阵推扫卫星成像示意图

（X_S、Y_S、Z_S）为外方位线元素，Roll 为沿 X 轴旋转的滚动角，
Pitch 为沿 Y 轴旋转的俯仰角，Yaw 为沿 Z 轴旋转的偏航角

共线方程通常形式如下：

$$\begin{cases} x = -f\dfrac{a_1(X-X_S)+b_1(Y-Y_S)+c_1(Z-Z_S)}{a_3(X-X_S)+b_3(Y-Y_S)+c_3(Z-Z_S)} \\ y = -f\dfrac{a_2(X-X_S)+b_2(Y-Y_S)+c_2(Z-Z_S)}{a_3(X-X_S)+b_3(Y-Y_S)+c_3(Z-Z_S)} \end{cases} \tag{2.1}$$

式中：(x, y) 为像点的像平面坐标；(X, Y, Z) 为地面点坐标；a_i、b_i、c_i 为外方位元素组成的旋转矩阵 **R** 的参数；f 为相机主距。

式（2.1）可转换为

$$\begin{bmatrix} X \\ Y \\ Z \end{bmatrix} = \begin{bmatrix} X_S \\ Y_S \\ Z_S \end{bmatrix} + m\boldsymbol{R} \begin{bmatrix} x \\ y \\ -f \end{bmatrix}, \quad \boldsymbol{R} = \begin{bmatrix} a_1 & a_2 & a_3 \\ b_1 & b_2 & b_2 \\ c_1 & c_2 & c_3 \end{bmatrix} \tag{2.2}$$

式中：m 为比例系数。由式（2.2）可知，基于三点共线原理的几何定位过程可以看成像方到地面的坐标系转换过程。

2.2　定位涉及的坐标系定义及转换

2.2.1　影像坐标系

如图 2.2 所示，影像坐标系以影像的左上角点为原点，以影像的列方向为 x 轴方向，以影像的行方向为 y 轴方向。其大小由像素点的行列号确定。

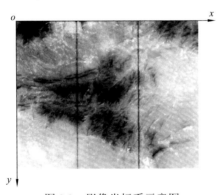

图 2.2　影像坐标系示意图

2.2.2　相机坐标系

如图 2.3 所示，相机坐标系原点位于相机投影中心，Z 轴为相机主光轴且指向焦面方向为正；Y 轴平行于 CCD 阵列方向，X 轴大致指向卫星飞行方向；三轴指向满足右手坐标系规则。

对于影像坐标 (x_i, y_i)（为了后文表述清晰，以 x_i 为影像行，y_i 为影像列），其对应的相机坐标 (x_c, y_c, z_c) 如下：

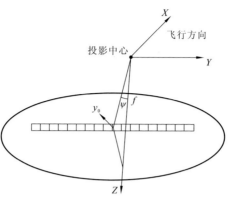

图 2.3　相机坐标系示意图

$$\begin{bmatrix} x_c \\ y_c \\ z_c \end{bmatrix} = \begin{bmatrix} f \cdot \tan\psi \\ (y_i - y_0) \cdot \lambda_{ccd} \\ f \end{bmatrix} \tag{2.3}$$

式中：f 为相机主距；ψ 为 CCD 阵列沿轨向偏场角；y_0 为主视轴（过主点垂直于 CCD 线阵的垂点）对应位置；λ_{ccd} 为探元大小。

2.2.3　卫星本体坐标系

卫星本体坐标系是与卫星固联的坐标系。通常取卫星质心作为原点，取卫星三个主惯量轴为 XYZ 轴。其中，OZ 轴由质心指向地面为正，OX 轴指向卫星飞行方向为正，OY 轴由右手坐标系规则确定[2]，如图 2.4 所示。

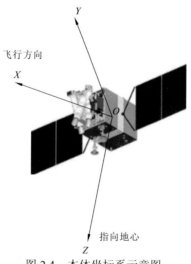

图 2.4　本体坐标系示意图

相机坐标系与本体坐标系的转换关系由相机安装决定，该安装关系在卫星发射前进行测量。对于相机坐标 (x_c, y_c, z_c)，其对应的本体坐标 (x_b, y_b, z_b)：

$$\begin{bmatrix} x_b \\ y_b \\ z_b \end{bmatrix} = \begin{bmatrix} dx \\ dy \\ dz \end{bmatrix} + \boldsymbol{R}_{\text{camera}}^{\text{body}} \begin{bmatrix} x_c \\ y_c \\ z_c \end{bmatrix}, \quad \boldsymbol{R}_{\text{camera}}^{\text{body}} = \boldsymbol{R}_y(\varphi_c)\boldsymbol{R}_x(\omega_c)\boldsymbol{R}_z(\kappa_c) \tag{2.4}$$

式中：$\begin{bmatrix} dx \\ dy \\ dz \end{bmatrix}$ 为相机坐标系原点与本体坐标系原点偏移；$\boldsymbol{R}_{\text{camera}}^{\text{body}}$ 为相机坐标系相对于本体坐标系的转换矩阵；$\boldsymbol{R}_y(\varphi_c)$、$\boldsymbol{R}_x(\omega_c)$、$\boldsymbol{R}_z(\kappa_c)$ 分别表示绕相机坐标系 y 轴、x 轴、z 轴旋转 φ_c、ω_c、κ_c 组成的旋转矩阵。式（2.4）中偏移值、旋转角度值均在地面阶段测量获取。

2.2.4　轨道坐标系

轨道坐标系是关联星上与地面的过渡坐标系。其原点为卫星质心，OX 轴大致指向卫星飞行方向，OZ 轴由卫星质心指向地心，OY 轴依据右手坐标系规则确定[2]，如图 2.5 所示。

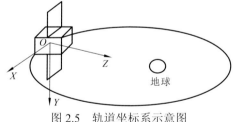

图 2.5　轨道坐标系示意图

本体坐标系与轨道坐标系的原点重合，可以通过三轴旋转完成坐标系间的相互转换。而旋转角度可通过卫星上搭载的测姿仪器获取。本体坐标 (x_b, y_b, z_b) 对应的轨道坐标 (x_o, y_o, z_o) 为

$$\begin{bmatrix} x_o \\ y_o \\ z_o \end{bmatrix} = \boldsymbol{R}_{\text{body}}^{\text{orbit}} \begin{bmatrix} x_b \\ y_b \\ z_b \end{bmatrix}, \quad \boldsymbol{R}_{\text{body}}^{\text{orbit}} = \boldsymbol{R}_y(\varphi_b)\boldsymbol{R}_x(\omega_b)\boldsymbol{R}_z(\kappa_b) \tag{2.5}$$

式中：$\boldsymbol{R}_{\text{body}}^{\text{orbit}}$ 为本体坐标系相对于轨道坐标系的转换矩阵；φ_b、ω_b、κ_b 是由星上测姿设备获取的本体坐标系相对于轨道坐标系的姿态角。

2.2.5　地心惯性坐标系

地心惯性坐标系以地球质心为原点，由原点指向北天极为 Z 轴，原点指向春分点为 X 轴，Y 轴由右手坐标系规则确定[2]。由于岁差章动等因素的影响，地心惯性坐标系的坐标轴指向会发生变化，给相关研究带来不便[3]。为此，国际组织选择某历元下的平春分、平赤道建立协议惯性坐标系[4]。遥感几何定位中通常使用的是 J2000.0 历元下的平天球坐标系，本书称为 J2000 坐标系，如图 2.6 所示。

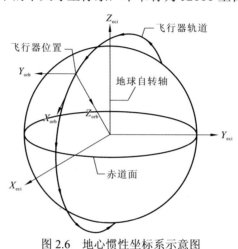

图 2.6　地心惯性坐标系示意图

假定 t 时刻卫星在 J2000 坐标系下的位置矢量为 $\boldsymbol{p}(t)=[X_S \quad Y_S \quad Z_S]^T$，速度矢量为 $\boldsymbol{v}(t)=[V_x \quad V_y \quad V_z]$，则 t 时刻轨道坐标系与 J2000 坐标系的转换矩阵为[5]

$$\boldsymbol{R}_{\text{orbit}}^{\text{J2000}}=\begin{bmatrix} a_X & b_X & c_X \\ a_Y & b_Y & c_Y \\ a_Z & b_Z & c_Z \end{bmatrix}, \quad c=-\frac{\boldsymbol{p}(t)}{\|\boldsymbol{p}(t)\|}, \quad b=\frac{c\times\boldsymbol{v}(t)}{\|c\times\boldsymbol{v}(t)\|}, \quad a=b\times c \quad (2.6)$$

2.2.6　地固坐标系

地固坐标系与地球固联，用以描述地面物体在地球上的位置。其原点位于地球质心，以地球自转轴为 Z 轴，由原点指向格林尼治子午线与赤道面交点为 X 轴，Y 轴由右手坐标系规则确定，如图 2.7 所示。

由于受到地球内部质量不均匀等因素的影响，地球自转轴相对于地球体产生运动，从而导致地固坐标系轴向变化。国际组织通过协议地极建立了协议地球坐标系。

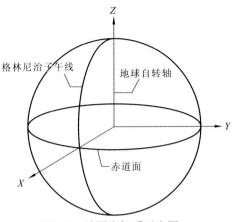

图 2.7　地固坐标系示意图

地心惯性坐标系及地固坐标系有两种转换方式：传统的基于春分点的转换方式及基于天球中间零点的转换方式。图 2.8 以基于春分点的转换方式为例给出了转换流程。

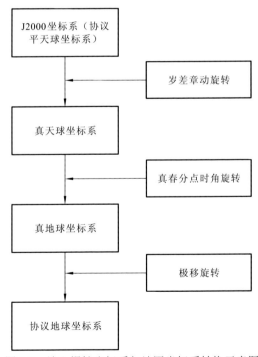

图 2.8　地心惯性坐标系与地固坐标系转换示意图

目前遥感影像几何处理中通常选用 WGS84 椭球框架下的协议地固坐标系，因此本书将其简称为 WGS84 坐标系。

2.3 正 变 换

卫星在轨运行中，通常采用 GPS 设备测量其相位中心在 WGS84 坐标系下的位置及速度矢量；星敏及陀螺等定姿设备测量卫星成像姿态：当星敏参与定姿时，利用观测数据最终确定卫星本体相对于 J2000 坐标系的姿态；而当星敏不参与定姿时，则通常测量卫星本体相对于轨道坐标系的姿态。当前国内在轨的线阵推扫卫星均采用了星敏定姿，因此本书几何定位模型中仅考虑 J2000 坐标系下的姿态测量数据。

如图 2.1 所示，相机随着卫星的运动而推扫成像，各行影像符合中心投影原理。依据式（2.2）及相关坐标系定义及转换，可构建线阵推扫光学卫星几何定位模型如下：

$$
\begin{bmatrix} X \\ Y \\ Z \end{bmatrix} = \begin{bmatrix} X_S \\ Y_S \\ Z_S \end{bmatrix}_t + m \left(\boldsymbol{R}_{\text{J2000}}^{\text{WGS84}} \boldsymbol{R}_{\text{body}}^{\text{J2000}} \right)_t \left\{ \begin{bmatrix} Dx \\ Dy \\ Dz \end{bmatrix} + \begin{bmatrix} dx \\ dy \\ dz \end{bmatrix} + \boldsymbol{R}_{\text{camera}}^{\text{body}} \begin{bmatrix} f \cdot \tan\psi \\ (y_i - y_0) \cdot \lambda_{\text{ccd}} \\ f \end{bmatrix} \right\} \tag{2.7}
$$

式中：$(X_S \quad Y_S \quad Z_S)_t^{\text{T}}$ 为 t 时刻 GPS 相位中心在 WGS84 坐标系下的位置矢量；$\left(\boldsymbol{R}_{\text{body}}^{\text{J2000}} \right)_t$ 为 t 时刻卫星本体坐标系相对于 J2000 坐标系的转换矩阵，$\left(\boldsymbol{R}_{\text{J2000}}^{\text{WGS84}} \right)_t$ 为 t 时刻 J2000 坐标系相对于 WGS84 坐标系的转换矩阵；$(Dx \quad Dy \quad Dz)^{\text{T}}$ 为 GPS 相位中心在本体坐标系的坐标；$(dx \quad dy \quad dz)^{\text{T}}$ 为相机坐标系原点与本体坐标系原点偏移；m 为比例系数。

2.3.1 基于 DEM 辅助的迭代变换

由于式（2.7）中存在 $(X \quad Y \quad Z)_{\text{WGS84}}^{\text{T}}$ 及 m 4 个未知数，无法建立影像坐标与地面坐标的一一对应关系，故需在此基础上引入地球椭球方程：

$$
\frac{X^2 + Y^2}{A^2} + \frac{Z^2}{B^2} = 1 \tag{2.8}
$$

式中：$A = a + h$，$B = b + h$，其中，h 为地面点高程，a、b 分别表示地球椭球的长短半轴。对于 WGS84 椭球，有 $a = 6\,378\,137.0$ m，$b = 6\,356\,752.3$ m。

如图 2.9 所示，假定影像上一点 (s, l)（s 表示列，l 表示行），第 l 扫描行的成像时间为 t_l。利用轨道模型内插出 t_l 时刻轨道，姿态模型内插出 t_l 姿态。假定该

点高程为 h。则正变换中未知数仅为 $(X \quad Y \quad Z)_{\text{WGS84}}^{\text{T}}$ 及 m，通过联立式（2.7）、式（2.8）便可求解。

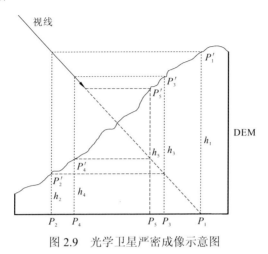

图 2.9　光学卫星严密成像示意图

将式（2.7）代入式（2.8），有

$$\left(\frac{X^2 + Y^2}{A^2} + \frac{Z^2}{B^2}\right)m^2 + 2\left(\frac{X_{\text{S}}X + Y_{\text{S}}Y}{A^2} + \frac{Z_{\text{S}}Z}{B^2}\right)m + \left(\frac{X_{\text{S}}^2 + Y_{\text{S}}^2}{A^2} + \frac{Z_{\text{S}}^2}{B^2}\right) = 1 \qquad （2.9）$$

求解式（2.9）关于 m 的二次方程就可得到 m；然后根据式（2.7）计算该点在 WGS84 中的三维坐标。

通常难以预先知道点 (s,l) 对应的地面高程，在提供已有 DEM 的情况下，可按迭代计算的方式进行正变换，具体步骤如下[6]：

（1）假定 (s,l) 高程为 h_0，按式（2.7）～式（2.9）进行正变换，求出对应的地面坐标 $\left(X_0, Y_0, Z_0\right)_{\text{WGS84}}^{\text{T}}$；

（2）采用合适的内插算法，在提供的 DEM 中内插出地面坐标 $\left(X_0, Y_0, Z_0\right)_{\text{WGS84}}^{\text{T}}$ 对应的高程 h_1；

（3）更新 $h_0 = h_1$；

（4）重复（1）～（3），直至 $\left|h_0 - h_1\right| \leqslant r$，$r$ 为给定的阈值，输出最终 $\left(X_0, Y_0, Z_0\right)_{\text{WGS84}}^{\text{T}}$。

2.3.2 多片立体交会

当多张卫星影像构成图 2.10 所示立体交会时，则可以不依赖 DEM 辅助，直接求解地面点坐标，如图 2.10 所示。

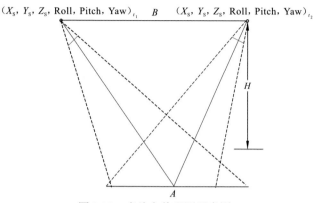

图 2.10　多片立体观测示意图

由式（2.7）可变为

$$\begin{bmatrix} X \\ Y \\ Z \end{bmatrix} = \begin{bmatrix} X_S \\ Y_S \\ Z_S \end{bmatrix}_t + m\left(\boldsymbol{R}_{\text{J2000}}^{\text{WGS84}} \boldsymbol{R}_{\text{body}}^{\text{J2000}} \right)_t \begin{bmatrix} x \\ y \\ z \end{bmatrix} \quad (2.10)$$

式中：$\begin{bmatrix} x \\ y \\ z \end{bmatrix} = \left[\begin{bmatrix} Dx \\ Dy \\ Dz \end{bmatrix} + \begin{bmatrix} \mathrm{d}x \\ \mathrm{d}y \\ \mathrm{d}z \end{bmatrix} + \boldsymbol{R}_{\text{camera}}^{\text{body}} \begin{bmatrix} f \cdot \tan\psi \\ (y_i - y_0) \cdot \lambda_{\text{ccd}} \\ f \end{bmatrix} \right]$。

假设 $\boldsymbol{R} = \boldsymbol{R}_{\text{J2000}}^{\text{WGS84}} \boldsymbol{R}_{\text{body}}^{\text{J2000}} = \begin{bmatrix} r_0 & r_1 & r_2 \\ r_3 & r_4 & r_5 \\ r_6 & r_7 & r_8 \end{bmatrix}$，令 $\begin{bmatrix} X' \\ Y' \\ Z' \end{bmatrix} = \left(\boldsymbol{R}_{\text{J2000}}^{\text{WGS84}} \boldsymbol{R}_{\text{body}}^{\text{J2000}} \right)^{-1} \begin{bmatrix} X - X_S \\ Y - Y_S \\ Z - Z_S \end{bmatrix}$，则

$$\begin{cases} X' = r_0(X - X_S) + r_3(Y - Y_S) + r_6(Z - Z_S) \\ Y' = r_1(X - X_S) + r_4(Y - Y_S) + r_7(Z - Z_S) \\ Z' = r_2(X - X_S) + r_5(Y - Y_S) + r_8(Z - Z_S) \end{cases}$$

已知有如下偏导式成立

$$\frac{\partial X'}{\partial X} = r_0, \quad \frac{\partial X'}{\partial Y} = r_3, \quad \frac{\partial X'}{\partial Z} = r_6 \quad (2.11)$$

$$\frac{\partial Y'}{\partial X} = r_1, \quad \frac{\partial Y'}{\partial Y} = r_4, \quad \frac{\partial Y'}{\partial Z} = r_7 \quad (2.12)$$

$$\frac{\partial Z'}{\partial X} = r_2, \quad \frac{\partial Z'}{\partial Y} = r_5, \quad \frac{\partial Z'}{\partial Y} = r_8 \qquad (2.13)$$

由式（2.10）可得：$\dfrac{x}{z} = \dfrac{X'}{Z'}, \dfrac{y}{z} = \dfrac{X'}{Z'}$。

记 $f_x = \dfrac{X'}{Z'} - \dfrac{x}{z}, f_y = \dfrac{Y'}{Z'} - \dfrac{y}{z}$，仅 X、Y、Z 为未知数，根据最小二乘平差原理求解地面点坐标 (X, Y, Z)，按照泰勒级数展开成线性形式[7]：

$$\begin{cases} f_x = f_{x_0} + \dfrac{\partial f_x}{\partial X}\Delta X + \dfrac{\partial f_x}{\partial Y}\Delta Y + \dfrac{\partial f_x}{\partial Z}\Delta Z \\[3mm] f_y = f_{y_0} + \dfrac{\partial f_y}{\partial X}\Delta X + \dfrac{\partial f_y}{\partial Y}\Delta Y + \dfrac{\partial f_y}{\partial Z}\Delta Z \end{cases} \qquad (2.14)$$

式中：f_x、f_y 对 X、Y、Z 的偏导数可在式（2.11）~式（2.13）的基础上简单求出。

法方程的矩阵形式为

$$V = Ax - l, \qquad P \qquad (2.15)$$

由此可以得到地面点坐标 (X, Y, Z) 的改正数：

$$x = (A^{\mathrm{T}}PA)^{-1}A^{\mathrm{T}}Pl \qquad (2.16)$$

1 张影像的像点仅能列出 2 个方程，无法求解 X、Y、Z 三个未知数；而当具备两张立体交会影像时，则可列出 4 个方程，可求解 X、Y、Z 三个未知数。因此，至少两张影像才能在不需要 DEM 辅助的条件下求解地面点坐标[8]。

2.4　反　变　换

2.4.1　基于仿射模型的迭代变换

基于仿射模型的迭代变换（图 2.11）算法流程如下。

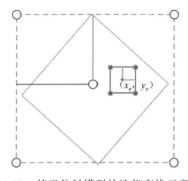

图 2.11　基于仿射模型的迭代变换示意图

（1）由于卫星原始影像的 4 个角点的地面点坐标 (lat, lon, h) 可以通过 DEM 辅助的正变换计算获取，可以利用已知点代入式（2.17），计算像点坐标相对经纬度的变化率 λ（$\lambda = \dfrac{\sqrt{\Delta \text{lat}^2 + \Delta \text{lon}^2}}{\sqrt{\Delta x^2 + \Delta y^2}}$）及仿射变换参数 f_0、f_1、f_2、g_0、g_1、g_2：

$$\begin{cases} x = f_0 + f_1 \text{lat} + f_2 \text{lon} \\ y = g_0 + g_1 \text{lat} + g_2 \text{lon} \end{cases} \tag{2.17}$$

（2）将任意一点的地面点坐标 (lat, lon) 代入式（2.17）得到预测的其影像坐标 (x_p, y_p)；

（3）根据上文介绍的正变换计算影像坐标 (x_p, y_p, h) 的地面点坐标 $(\text{lat}_p, \text{lon}_p)$；

（4）重复步骤（3）中像点位置与真实位置的最大可能偏差

$$\Delta P = \max \left(\left| \frac{\text{lat}P - \text{lat}}{\lambda} \right|, \left| \frac{\text{lon}P - \text{lon}}{\lambda} \right| \right)$$

（5）以 $(x_p - \Delta P, y_p - \Delta P)$、$(x_p + \Delta P, y_p - \Delta P)$、$(x_p - \Delta P, y_p + \Delta P)$、$(x_p + \Delta P, y_p + \Delta P)$ 为新的 4 个角点，按照步骤（1）更新仿射变换参数；

（6）重复步骤（2）～（4），直至满足式（2.18）的迭代条件时，所求得的 (x_p, y_p) 即为地面点对应的像点坐标：

$$\Delta P \leqslant 0.01 \tag{2.18}$$

从上述算法可以看出其主要计算量在于成像模型的正算。假设迭代了 n 次，则需要进行 $4n$ 次成像模型正算（全局仿射模型的计算不包含在内，并且一般迭代次数在 2 次以上）[9]。

上述算法的优势是不分传感器载荷类型，线阵、面阵都可以适用，同时在反算过程中不需要知道相机的焦距。其缺点即速度慢，另外，当影像条带比较长时，由于全局仿射变换预测不准造成有时反算失败。

2.4.2　基于扫描线搜索的快速变换

如图 2.12 所示为线阵推扫物方约束示意图，其垂轨方向是中心投影。假设空间平面 abcdefgh 为像面，空间曲面 ABCDEFGH 为物面，绿色虚线为中心投影面。对于物方点，通过中心投影面投影到像面上。例如，对于物方曲线 DE 通过中心投影面 deO_4DE 投影到像面 de 上。因此，对于物方空间能够成像于像面 de 上的物方点，其一定位于 de 所对应的中心投影面上。另外考虑卫星成像过程是个平稳或者是个渐变的过程，故各个扫描行中心投影面在有效摄影区域内应近似平行即互不相交，且相邻扫描行中心投影面的间隙不会出现明显变化，此即线阵推扫的物方约束条件。

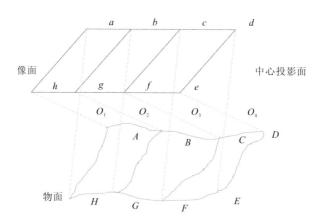

图 2.12　线阵推扫物方约束示意图

基于上述的物方约束条件，如果能够定位与物方点最邻近和次邻近的扫描行中心投影面，就可以基于物点、投影中心、像点共面的空间几何约束，内插出物点的最佳扫描线。当最佳扫描线确定出来之后，就可以知道对应的姿态和轨道信息，从而转化为传统面阵的反投影算法（如图 2.12 所示），得到对应的像点坐标。此即基于物方约束的成像模型反算算法的基本原理[10]。

基于扫描线搜索的快速变换基本原理分成如下几个步骤。

（1）全局仿射变换系数求解。以影像四角像点及其对应物方点（以 0 高程面为准采用正算成像模型得到）为输入，求解全局仿射变换模型，后面利用此全局仿射变换系数进行像点位置的粗定位[式（2.17）]。

（2）分段线性描述 CCD。上述原理有一个比较重要的前提，即线阵 CCD 位于同一条直线上。实际上，由于硬件做工、镜头畸变等原因，小孔成像过程中所认为的 CCD 并不严格在一条线上，此时如果采用高阶多项式去拟合，将会造成计算更加复杂，采用 Douglas-Peucker 算法对 CCD 进行简化，用分段直线去拟合 CCD[11]。

（3）求解中心投影面方程。在垂轨向上对分段的 CCD、在沿轨向上对每个整数扫描行求取中心投影面方程[式（2.19）]，并保存其方程参数。假设垂轨向上 CCD 分段数为 m、沿轨向上整数扫描行为 n，则总共需要求取 $m \times n$ 组中心投影面方程参数[11, 12]。

$$A_0 X + B_0 Y + C_0 Z + D_0 = 0 \qquad (2.19)$$

（4）估算相邻中心投影面距离 d。此距离的作用是将物方偏移转化为像方偏移，当已知空间一个点距离某一个投影面的距离时，可以通过此距离除以相邻中心投影面距离得到大致像方的偏移量。

（5）求取概略像点坐标。已知物方点 (lat, lon, h)，根据全局仿射变换系数预测概略像点坐标 (x_0, y_0)。

（6）定位最邻近和次邻近的扫描行中心投影面。通过物方点和 (x_0, y_0) 所对应的中心投影面方程计算物方点到此面的距离 D，求出大致像方偏移，不断迭代进行，直至像方偏移小于 1，从而得到最邻近和次邻近的扫描行中心投影面。

（7）内插扫描行 x。根据物方点到最邻近和次邻近扫描行中心投影面的距离，内插出准确的扫描行。

（8）反算出内插扫描行所对应的像点坐标。根据内插扫描行所对应的姿轨，利用传统反投影算法反投影得到像点坐标 (x_1, y_1)。

（9）精化像点坐标。计算得到的像点坐标 (x_1, y_1)，当 y_1 和 y_0 位于相同的 CCD 段或者迭代次数超过阈值时，停止迭代，得到最优值；否则以 y_1 替代 y_0，迭代进行步骤（6）～（8）。

具体流程图如图 2.13 所示。

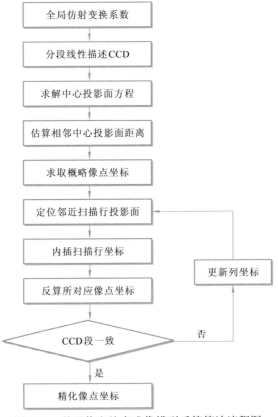

图 2.13　基于物方约束成像模型反算算法流程图

2.4.3　基于近似"垂直"约束的快速变换

TDICCD 的具体工作原理如图 2.14 所示。假设在 T_1 时刻，地面目标在第 1 级（行）TDICCD 上的第 5 列曝光成像，产生电荷信号；T_2 时刻，同一地面目标在第 2 级（行）TDICCD 的第 5 列再次曝光成像，产生电荷信号。与此同时，第 1 级 TDICCD 上产生的电荷转移到第 2 级 TDICCD 上，使第 2 级 TDICCD 不仅包括此次曝光产生的电荷，而且也包括前一级转移来的电荷，电荷量增加了 1 倍。依此类推，TDICCD 可以使积分时间延长到原来的 n 倍（n 为 TDI 积分级数），从而信噪比提高到原来的 $\sqrt{n}$ 倍。从 TDICCD 的成像过程可以看出，星上必须精确计算并调整偏流角来保证不同级数的同一列 CCD 对同一个地物目标曝光，否则积分成像后的影像会模糊。目前的高分辨率光学卫星已经普遍实现精确的偏流角调整以保障成像像质。

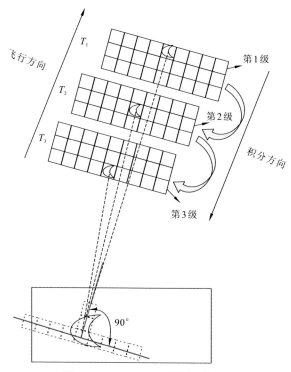

图 2.14　TDICCD 工作原理图

根据图 2.14 所示的工作原理，TDICCD 正常成像条件下其视场中心视轴在地面的轨迹与 CCD 方向应该近似垂直（图 2.15）。如图 2.16 所示，CCD 中心视轴的地表轨迹可以表示为时间 t 的函数 $P(t)$，可根据几何定位模型的正变换计算；当地面点 O 坐标已知的情况下，通过地面点 O 作视轴轨迹 $P(t)$ 的垂线，垂足 S 对应的时刻即为地物点 O 的近似成像时间。

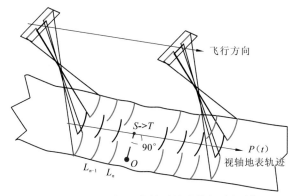

图 2.15　基于近似垂直关系的成像行求解原理

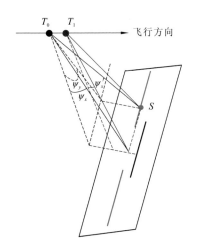

图 2.16　时间误差引起的沿轨指向角偏差示意图

当卫星以固定姿态推扫成像时，视轴地表轨迹函数 $P(t)$ 可近似为时间 t 的线性函数：

$$P(t)=\begin{bmatrix} X(t) \\ Y(t) \\ Z(t) \end{bmatrix}=\begin{bmatrix} x_0+x_1t \\ y_0+y_1t \\ z_0+z_1t \end{bmatrix} \tag{2.20}$$

假定地面点 O 坐标为 $\begin{bmatrix} X_o \\ Y_o \\ Z_o \end{bmatrix}$，根据 $S\in P(t)$ 且 $\overrightarrow{OS}\perp P(t)$ 得

$$\begin{bmatrix} X_o - x_0 - x_1 t & Y_o - y_0 - y_1 t & Z_o - z_0 - z_1 t \end{bmatrix} \cdot \begin{bmatrix} x_1 \\ y_1 \\ z_1 \end{bmatrix} = 0 \qquad (2.21)$$

可计算得到

$$t = \frac{X_o x_1 + Y_o y_1 + Z_o z_1 - x_0 x_1 - y_0 y_1 - z_0 z_1}{x_1^2 + y_1^2 + z_1^2} \qquad (2.22)$$

由于镜头畸变和偏流角校正残差的影响，式（2.22）虽很接近地面点 O 的成像时刻，但仍会存在微小偏差，需要进一步修正。

如图 2.16 所示，对于线阵 CCD 上的探元 S，其相机内的成像指向可以分解为沿轨方向和垂轨方向的两个指向角 ψ_x 和 ψ_y，CCD 上各探元的指向角可由如下模型确定：

$$\begin{cases} \psi_x = a_0 + a_1 s + a_2 s^2 + \cdots + a_i s^i \\ \psi_y = b_0 + b_1 s + b_2 s^2 + \cdots + b_j s^j \end{cases}, \quad i, j \leqslant 5 \qquad (2.23)$$

式中：s 代表影像列。显然，ψ_x 和 ψ_y 是相互对应的，当 ψ_y 值确定，则 ψ_x 可依据上式确定。图 2.16 中假定探元 S 在 T_0 时刻对地面点 O 成像，当成像时刻被错误地确定为 T_1，由图可知，探元 S 的沿轨指向角会因成像时刻错误而造成偏差（$\psi_x - \psi_x'$），可根据沿轨向角分辨率调整成像时刻。

综上分析，基于 TDICCD 视轴轨迹与 CCD 方向近似垂直约束关系，几何定位模型的反变换算法如下。

步骤 1，利用卫星下传的姿态、轨道、成像时间数据和相机参数，建立几何定位模型正变换 f：

$$(X \quad Y \quad Z)^{\mathrm{T}} = f(x, y, h) \Leftrightarrow \begin{cases} \begin{bmatrix} X \\ Y \\ Z \end{bmatrix} = \begin{bmatrix} X_S \\ Y_S \\ Z_S \end{bmatrix} + m \boldsymbol{R}_{\mathrm{J2000}}^{\mathrm{WGS84}} \boldsymbol{R}_{\mathrm{body}}^{\mathrm{J2000}} \boldsymbol{R}_{\mathrm{camera}}^{\mathrm{body}} \begin{bmatrix} \psi_x \\ \psi_y \\ 1 \end{bmatrix}, \quad i, j \leqslant 5 \\ \dfrac{X^2 + Y^2}{(A+h)^2} + \dfrac{Z^2}{(B+h)^2} = 1 \end{cases} \quad (2.24)$$

式中：$(X \quad Y \quad Z)^{\mathrm{T}}$ 为地物在 WGS84 坐标系下的地面坐标；$(X_S \quad Y_S \quad Z_S)_{\mathrm{WGS84}}^{\mathrm{T}}$ 为相机中心在 WGS84 坐标系下的坐标；m 为比例系数；$\boldsymbol{R}_{\mathrm{camera}}^{\mathrm{body}}$ 为相机坐标系相对于本体坐标系的转换矩阵；$\boldsymbol{R}_{\mathrm{body}}^{\mathrm{J2000}}$ 为本体坐标系相对于 J2000 坐标系的转换矩阵；$\boldsymbol{R}_{\mathrm{J2000}}^{\mathrm{WGS84}}$ 为 J2000 坐标系相对于 WGS84 坐标系的转换矩阵。a_i, b_j 可由几何定标计

算得出，$A = 6\,378\,137.0\,\text{m}$，$B = 6\,356\,752.3\,\text{m}$，$h$ 为地物高度。

步骤 2，假设每片 CCD 像元数为 Wid，影像总行数为 Hei，计算各片 CCD 中心视轴的地表轨迹：

步骤 2-1，确定行间隔 L，取总共 $N=\text{int}[\text{Hei}/L + 0.5]$ 行；对第 i 个样本行，计算该行中间像元对应的地面坐标 $(X \quad Y \quad Z)_i^{\text{T}} = f(\text{Wid}/2, i \cdot L, h)$，$h$ 为成像区域平均高程；

步骤 2-2，利用步骤 2-1 中 N 个样本 $(X \quad Y \quad Z)_i^{\text{T}}, i \leqslant N$，基于最小二乘原理拟合式（2.20）所示视轴轨迹函数 $P(t)$，计算得到 $x_0, x_1, y_0, y_1, z_0, z_1$。

步骤 3，对于任一给定的地物点坐标 $\begin{bmatrix} X_o \\ Y_o \\ Z_o \end{bmatrix}$，按式（2.22）计算得到地物点的近似成像时刻 T_0。

步骤 4，计算沿轨指向角随成像时刻的增量。

步骤 4-1，根据步骤 3 中计算的近似成像时刻 T_0 内插卫星成像位置、姿态，基于下式计算成像像点指向角 $(\psi_x \quad \psi_y)_{T_0}$：

$$\begin{cases} \psi_x = \dfrac{a_1(X-X_{\text{S}}) + b_1(Y-Y_{\text{S}}) + c_1(Z-Z_{\text{S}})}{a_3(X-X_{\text{S}}) + b_3(Y-Y_{\text{S}}) + c_3(Z-Z_{\text{S}})} \\[2mm] \psi_y = \dfrac{a_2(X-X_{\text{S}}) + b_2(Y-Y_{\text{S}}) + c_2(Z-Z_{\text{S}})}{a_3(X-X_{\text{S}}) + b_3(Y-Y_{\text{S}}) + c_3(Z-Z_{\text{S}})} \end{cases} \quad (2.25)$$

式（2.24）中：$\boldsymbol{R}_{\text{J2000}}^{\text{WGS84}} \boldsymbol{R}_{\text{body}}^{\text{J2000}} \boldsymbol{R}_{\text{camera}}^{\text{body}} = \begin{bmatrix} a_1 & a_2 & a_3 \\ b_1 & b_2 & b_3 \\ c_1 & c_2 & c_3 \end{bmatrix}$；

步骤 4-2，设定成像时刻增量 ΔT（如取平均积分时间 I_t），内插 $T_0 + \Delta T$ 时刻卫星成像位置、姿态，同样基于计算对应的成像像点指向角 $(\psi_x \quad \psi_y)_{T_0 + \Delta T}$；

步骤 4-3，计算沿轨指向角随成像时刻的增量关系：$\Delta \psi_x = \dfrac{(\psi_x)_{T_0 + \Delta T} - (\psi_x)_{T_0}}{\Delta T}$。

步骤 5，对于步骤 4-1 中计算的 $(\psi_x \quad \psi_y)_{T_0}$，根据式（2.25），计算 ψ_y 对应的理论 $(\psi_x)'_{T_0}$。

步骤 6，根据步骤 4-3 计算的指向角增量式，更新步骤 3 中的成像时间：

$$T = T_0 + \dfrac{(\psi_x)'_{T_0} - (\psi_x)_{T_0}}{\Delta \psi_x}。$$

步骤 7，更新 $T_0 = T$，重复步骤 4-1、步骤 5、步骤 6，直至 $\left| \dfrac{(\psi_x)'_{T_0} - (\psi_x)_{T_0}}{\Delta\psi_x} \right| \leq 0.01 \cdot I_t$，

此时的 T_0 为地面点的真实成像时刻，$(\psi_x \quad \psi_y)_{T_0}$ 为成像真实指向角。

步骤 8，根据 T_0 内插影像行，$(\psi_x \quad \psi_y)_{T_0}$ 内插影像列，完成反变换。

2.4.4　三种方法对比试验

收集了 JiLin-01、Gaofen26A、Gaofen26B 卫星在轨真实数据开展算法验证。数据具体情况如表 2.1 所示，其中 "CCDs Arrangement" 相关信息参考图 2.17 所示线阵推扫 CCD 排列示意图。

表 2.1　试验数据信息

卫星	CCDs 参数	编号	日期	侧摆角	最大值/平均值/m
JiLin-01	$N=4$, $l=4\,096p*$, $w\approx30p$, $dy\approx26.5$ mm	JiLin-01-01	2015-12-20	$9.87°$	390.5/1 019.5
		JiLin-01-02	2016-01-07	$6.43°$	448.0/1 064.0
Gaofen26A	$N=8$, $l=6\,144p$, $w\approx500p$, $dy\approx0$ mm	Gaofen26A-01	2015-02-17	$17.52°$	731.5/838.5
		Gaofen26A-02	2015-01-04	$6.90°$	469.0/1 135.0
Gaofen26A	$N=10$, $l=6\,144p$, $w\approx120p$, $dy\approx40.8$ mm	Gaofen26B-01	2015-07-24	$-0.74°$	690.5/780.5

*：p 代表像素

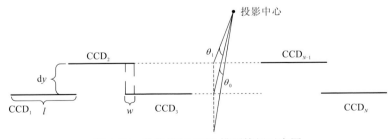

图 2.17　线阵推扫 CCD 排列特征示意图

dy 为相邻 CCD 之间的沿轨向距离；l 为 CCD 探元长度；w 为 CDD 的重叠像素数；

θ_0、θ_1 为投影中心到不同片 CCD 的视场角。

试验中以 2.4.1 小节介绍的仿射模型方法和 2.4.2 小节介绍的扫描面方法及
2.4.3 小节介绍的近似"垂直"约束方法，通过完成一定数量地面点反变换的效率
和精度来对比评估三种方法。对试验的各景影像分别按照 100×100、50×50 和
10×10 划分格网，对各格网点进行反变换，测试结果如表 2.2 所示。

表 2.2　反变换效率及精度评估结果

卫星编号	控制点数量	仿射模型			扫描面			本书算法		
		时间/s	精度/像素	次数	时间/s	精度/像素	次数	时间/s	精度/像素	次数
JiLin-01-01	32 600	0.31	0.000 2	2	0.06	0.000 3	2	0.05	0.000 3	1
	130 800	1.19	0.000 2	2	0.23	0.000 3	2	0.19	0.000 3	1
	3 276 000	29.38	0.000 2	2	5.57	0.000 3	2	4.07	0.000 3	1
JiLin-01-02	40 750	0.37	0.000 2	2	0.06	0.000 3	2	0.05	0.000 3	1
	163 500	1.48	0.000 2	2	0.27	0.000 3	2	0.20	0.000 3	1
	4 095 000	37.51	0.000 2	2	6.89	0.000 3	2	5.86	0.000 3	1
Gaofen26A-01	235 680	2.14	0.001 3	3	0.42	0.000 2	3	0.29	0.000 2	2
	943 680	8.09	0.001 3	2	1.98	0.000 2	3	1.16	0.000 2	2
	23 592 000	195.48	0.001 3	2	46.22	0.000 2	3	31.46	0.000 2	2
Gaofen26A-02	240 590	2.31	0.000 3	2	0.49	0.000 5	3	0.30	0.000 5	2
	963 340	9.42	0.000 3	2	1.84	0.000 5	3	1.37	0.000 5	2
	24 083 500	231.36	0.000 3	2	47.23	0.000 5	3	35.35	0.000 5	2
Gaofen26B-01	235 680	2.18	0.000 3	3	0.50	0.000 3	3	0.41	0.000 2	3
	943 680	8.84	0.000 3	3	2.04	0.000 3	3	1.72	0.000 2	3
	23 592 000	212.43	0.000 3	3	50.50	0.000 3	3	40.40	0.000 2	3

从表 2.2 可以看到，仿射模型、扫描面、近似"垂直"算法均可取得很高的
反变换精度。15 组算例中，仿射模型的反变换精度在 0.001~0.0004，而扫描面
和近似"垂直"算法的反变换精度均在 0.0002~0.0006。因此，三种方法均可满
足精度要求，变换过程中不存在精度损失。

而三种算法在效率上存在明显差异。如表 2.2 所示，15 组算例中，仿射模型、
扫描面算法平均迭代次数在 2~3 次，近似"垂直"算法平均迭代次数在 1~3 次，
在三种算法中迭代次数较少。而如图 2.18（a）所示，针对 3 颗卫星的 15 组算例，
近似"垂直"算法相比仿射模型算法效率提升约 550%（即提升 5.5 倍），而相比
于扫描面算法提升约 35.6%。

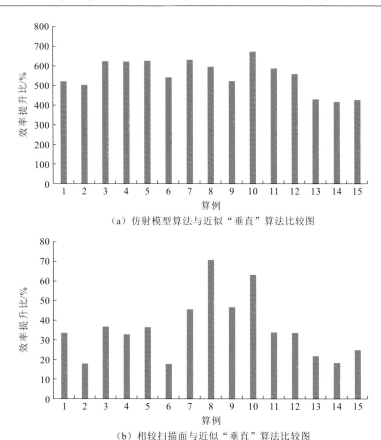

（a）仿射模型算法与近似"垂直"算法比较图

（b）相较扫描面与近似"垂直"算法比较图

图 2.18 效率提升比

由上述实验结果可知，近似"垂直"算法实现反变换的精度高，相较仿射模型和扫描面反变换算法具有更高效率（计算效率相比仿射模型提升 550%，相比扫描面模型提升 35.6%），其更大的优势在于可以适用于未来超敏捷卫星的曲线成像。由于曲线成像影像的像方坐标与物方坐标映射关系复杂，且相邻扫描面相交，而仿射模型算法、扫描面算法均无法适用；而近似"垂直"算法原理是基于视轴地表轨迹与 CCD 阵列"近似垂直"，该条件即便在超敏捷曲线成像模式下依然成立。

参 考 文 献

[1] 张永生, 巩丹超. 高分辨率遥感卫星应用: 成像模型、处理算法及应用技术[M]. 北京: 科学出版社, 2004.

[2] 章仁为. 卫星轨道姿态动力学与控制[M]. 北京: 北京航空航天大学出版社, 1998.

[3] GUNTER. 卫星大地测量学[M]. 北京: 地震出版社, 1998.

[4] PETIT G, LUZUM B. IERS Conventions (2010)[R]. Bureau international Des Poids Et Mesures Sevres (France), 2010.

[5] USGS. LDCM CAL/VAL Algorithm Description Document (version 3.0). 2013.

[6] 余俊鹏. 高分辨率卫星遥感影像的精确几何定位[D]. 武汉: 武汉大学, 2009.

[7] 巩丹超. 高分辨率卫星遥感立体影像处理模型与算法[D]. 郑州: 解放军信息工程大学, 2003.

[8] 张剑清, 胡安文. 多基线摄影测量前方交会及精度分析[J]. 武汉大学学报(信息科学版), 2007, 32(10): 847-851.

[9] 张过. 缺少控制点的高分辨率卫星遥感影像几何纠正[D]. 武汉: 武汉大学, 2005.

[10] 王密. 一种基于物方几何约束的线阵推扫式影像坐标反投影计算的快速算法[J]. 测绘学报, 2008, 37: 384-390.

[11] 赵双明, 李德仁. ADS40 影像几何预处理[J]. 武汉大学学报(信息科学版), 2006, 31(4): 308-311.

[12] 耿讯, 徐青, 邢帅, 等. 基于最佳扫描行快速搜索策略的线阵推扫式影像微分纠正算法[J]. 测绘学报, 2013, 42(6): 861-868.

第 3 章　成像链路几何误差源及对定位的影响

3.1　成像链路几何误差源分析

第 2 章中可以梳理出影响几何定位精度的星上误差源包括：①轨道测量误差；②姿态测量误差；③相机内方位元素误差；④时间同步误差。

为了构建系统误差补偿模型，需要分析这些误差对几何定位精度的影响规律，成像误差源梳理如表 3.1 所示。

表 3.1　系统误差梳理

特性	误差源	误差项
星上误差	轨道测量误差	
	姿态测量误差	姿态系统误差
		姿态低漂误差
		姿态高频误差
	相机内方位元素误差	主点偏移误差
		主距误差
		探元尺寸误差
		CCD 排列旋转误差
		镜头畸变
	时间同步误差	轨道时间系统误差
		姿态时间系统误差

3.2　轨道误差对几何定位的影响机理

将轨道位置误差分解为沿轨误差、垂轨误差、径向误差$(\Delta X, \Delta Y, \Delta Z)$。图 3.1 所示为沿轨向轨道位置误差对几何定位的影响。由图 3.1 可知，当仅沿轨向轨道

位置存在误差 ΔX 而姿态不存在误差，光线指向不发生变化，即 $\overline{SO}//\overline{S'O'}$，则由该误差引起的像点偏移可由式（3.1）表示，为平移误差。

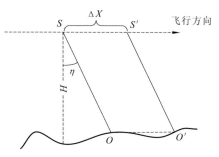

图 3.1　沿轨向轨道误差对几何定位的影响

$$\Delta x = \frac{\Delta X}{\text{GSD}} \qquad (3.1)$$

式中：GSD 为地面分辨率，忽略相机视场范围内的地球曲率变化，其跟成像角（俯仰角或侧摆角）η 的关系可简化为

$$\text{GSD} \approx \frac{\lambda_{\text{ccd}}H}{f\cos^2\eta} \qquad (3.2)$$

则

$$\Delta x \approx \Delta X \frac{f\cos^2\eta}{\lambda_{\text{ccd}}H} \qquad (3.3)$$

同样的，在图 3.2 中，当仅垂轨向存在位置误差 ΔY 而姿态不存在误差时，$\overline{SO}//\overline{S'O'}$，该误差引起的像点偏移可由式（3.4）表示，同样为平移误差。

$$\Delta y \approx \Delta Y \frac{f\cos^2\eta}{\lambda_{\text{ccd}}H} \qquad (3.4)$$

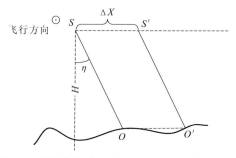

图 3.2　垂轨向轨道误差对几何定位精度的影响

图 3.3 所示为轨道径向位置误差对几何定位的影响。考虑沿轨向与垂轨向规律的一致性，此处仅以垂轨方向为例进行阐述。假设成像光线与 SO 夹角为 ω，

其由卫星侧摆角及探元视场角决定，令 $\omega = \gamma_{\text{roll}} + \Psi$，其中 γ_{roll} 为卫星侧摆角，Ψ 为探元视场角，则

$$\Delta y \approx \frac{\Delta Z \cdot \tan(\gamma_{\text{roll}} + \Psi)}{\text{GSD}} \tag{3.5}$$

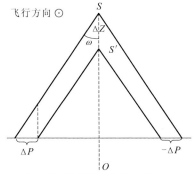

图 3.3　径向轨道误差对几何定位精度的影响

例如以资源三号相机为例，视场角约为 0.1 弧度，可对 $\tan(\gamma_{\text{roll}} + \Psi)$ 近似为

$$\tan(\gamma_{\text{roll}} + \Psi) = \tan\gamma_{\text{roll}} + \frac{1}{\cos^2\gamma_{\text{roll}}}\Psi \tag{3.6}$$

则式（3.6）可写成

$$\Delta y = \frac{\Delta Z \cdot \tan\gamma_{\text{roll}}}{\text{GSD}} + \frac{\Delta Z \cdot \dfrac{1}{\cos^2\gamma_{\text{roll}}}\Psi}{\text{GSD}} \tag{3.7}$$

由式（3.7），有

$$\Delta y = \Delta Z \cdot \frac{f}{\lambda_{\text{ccd}} H} \cdot \sin\gamma_{\text{roll}}\cos\gamma_{\text{roll}} + \Delta Z \cdot \frac{f}{\lambda_{\text{ccd}} H} \cdot \Psi \tag{3.8}$$

由式（3.8）可知，ΔZ 引起的定位误差为平移误差和比例误差，且比例误差与探元视场角 Ψ 呈正比。以资源三号正视相机为例，其主距 f 为 1.7 m，探元大小 0.007 mm，全视场为 6°，即最大探元视场角为 3°，国内当前轨道测量精度普遍优于 10 m，卫星最大侧摆能力 32°，则轨道径向误差引起的最大比例误差约为 0.25 m，小于 0.2 个星下点正视 GSD。而实际上，由于国内目前卫星平台搭载双频 GPS 测量设备并结合地面精密定轨处理，轨道精度可以达到数米甚至厘米量级[1-4]，ΔZ 引起的比例误差较图 3.3 所示更小，从而该比例误差可以忽略。因此，对于国内在轨高分光学卫星而言，径向误差 ΔZ 引起的几何定位误差可以等同于平移误差。

$$\Delta = \Delta Z \cdot \frac{f}{\lambda_{\text{ccd}} H} \cdot \Psi = 0.25\ \text{m} \tag{3.9}$$

3.3 姿态误差对几何定位的影响机理

3.3.1 姿态系统误差

姿态角误差可以分为滚动角误差、俯仰角误差及偏航角误差。

图 3.4 所示为滚动角误差对几何定位的影响。$\overrightarrow{SO}$ 为真实光线指向，$\overrightarrow{SO'}$ 为带误差光线指向，$\Delta\omega$ 为滚动角误差，ψ 为成像探元的视场角，则由图中几何关系，滚动角引起的垂轨向像点偏移为

$$\Delta y = \frac{f}{\lambda_{\text{ccd}}\cos\psi}\Delta\omega \tag{3.10}$$

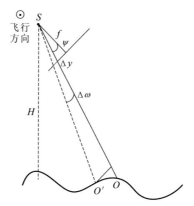

图 3.4 滚动角误差对几何定位的影响

由于俯仰角误差对几何定位的影响机理与滚动角误差一致，其引起的沿轨向像点偏移为

$$\Delta x = \frac{f}{\lambda_{\text{ccd}}\cos\eta}\Delta\varphi \tag{3.11}$$

式中：$\Delta\varphi$ 为俯仰角误差；η 为 CCD 阵列偏场角。由于 CCD 阵列的偏场角通常远小于相机视场角，根据对滚动角误差的相关分析可知，俯仰角误差引起的几何定位误差也可看成平移误差。

如图 3.5 所示，偏航角误差对几何定位的影响等同于 CCD 线阵的旋转：

$$\begin{cases} \Delta x = x[1-\cos(\Delta\kappa)] \\ \Delta y = x\sin(\Delta\kappa) \end{cases} \tag{3.12}$$

式中：x 为影像列；$\Delta\kappa$ 为偏航角误差。

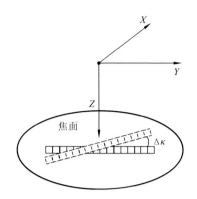

图 3.5　偏航角误差对几何定位的影响

3.3.2　姿态低频误差

姿态低频误差是指星敏感器光轴在卫星本体坐标系下变化引起的误差，包括以轨道为周期的低频误差和长周期低频误差，低频误差主要影响影像的绝对定位精度[5-14]。

如图 3.6 所示，为天绘一号卫星在轨实测星敏感器的安装夹角变化情况。其变化周期与轨道周期相近（即 1.5 h 左右），并且夹角最大变化接近于 30″，将对无控定位精度产生近 70 m 的影响。根据姿态低频误差在轨的真实规律，姿态低漂引起的像点偏移可表示为式（3.13），其中 $\sum \sin(2\pi f_\varphi t + \Psi_\varphi)$ 为多正弦波形叠加误差，f_φ 为频率，Ψ_φ 为波形的初始相位。

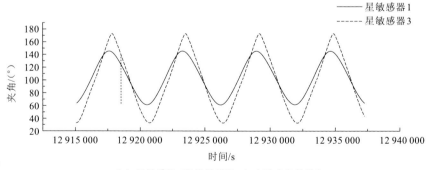

（a）星敏感器1和星敏感器3与太阳夹角的叠加

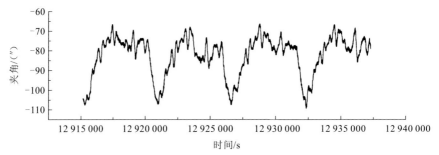

（b）星敏感器1和星敏感器3之间的夹角变化

图 3.6　天绘一号星敏感器夹角变化[15]

$$
\begin{cases}
\Delta x = \dfrac{f}{\lambda_{\text{ccd}}\cos\eta}\sum\sin(2\pi f_{\varphi}t + \varPsi_{\varphi}) \\
\Delta y = \dfrac{f}{\lambda_{\text{ccd}}\cos\psi}\sum\sin(2\pi f_{\varphi}t + \varPsi_{\varphi})
\end{cases}
\tag{3.13}
$$

3.3.3　姿态高频误差

姿态高频误差是指陀螺测量频率带宽不够导致的信息损失，在本书主要指卫星平台高频率、低幅度的抖动造成的影响，包括星平台稳定度低，而姿轨系统测量频率、量化精度有限，无法准确采样并记录成像姿轨，高频误差主要影响影像的相对定位精度[16-25]。

由于高频抖动往往具有往复周期性，高频抖动模型与低频误差中的周期性误差模型类似：

$$
H(t) = \sum A_{\varphi}\sin(2\pi f_{\varphi}t + \varPsi_{\varphi})
\tag{3.14}
$$

所不同的是，A_{φ} 为高频抖动的振幅，f_{φ} 为抖动频率，通常比陀螺测姿频率要高，典型情况下，可以达到 $100\sim1\,000\,\text{Hz}$ 的抖动频率，星上的测量设备是无法准确采样的。

以卫星在轨运行时，卫星本体相对于轨道的欧拉角作为姿态描述，分为沿 X 轴旋转的滚动角 Roll，沿 Y 轴旋转的俯仰角 Pitch 和沿 Z 轴旋转的偏航角 Yaw。

如图 3.7 所示，当偏航角 Yaw 方向产生抖动时，影像行产生旋转，不同时刻影像旋转的方向和大小不同，导致影像两边的地物拉长或者收缩，由式（3.12）可知，偏航角误差对影像像元偏移的影响较小，且与影像的像素数有关。

当滚动角 Roll 方向产生抖动时，同一时刻成像的影像行在垂轨方向（Y）产生位移，不同时刻成像的影像行受抖动幅度大小不一，像素偏移大小不同，形成

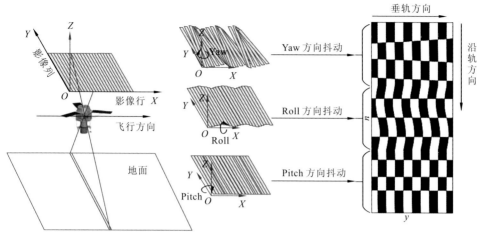

图 3.7　三个方向高频抖动对影像的影响

了一种垂轨方向扭曲的特征。如果某个地物具有沿轨方向的直线边缘，那么在滚动角抖动的影响下，将可以明显地看到边缘的扭曲现象。

当俯仰角 Pitch 方向产生抖动时，同一成像时刻的影像在沿轨方向（X）产生位移，不同成像时刻的影像行偏移大小和方向不同，导致影像行产生堆叠或者拉伸，地物在沿轨方向上被收缩或者拉伸。由于这仅是一种长度比例的微小改变，在目视判读情况下，俯仰角抖动不能观察明显的变形现象。

3.4　内方位元素误差对几何定位的影响机理

星载相机的内方位元素误差主要包括主点平移误差、主距误差、探元尺寸误差、CCD 阵列旋转误差、镜头畸变和偏心畸变。

3.4.1　主点偏移误差

相机主点偏移误差对几何定位的影响等效为平移误差，以线阵推扫相机为例，如图 3.8 所示，主点平移误差对几何定位的影响为等效平移误差，即定位误差为

$$\begin{cases} \Delta x = \Delta x_0 \\ \Delta y = \Delta y_0 \end{cases} \tag{3.15}$$

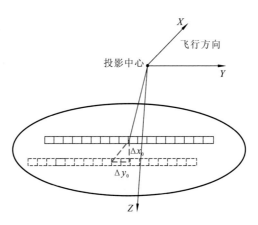

图 3.8   线阵平移误差对几何定位的影响

3.4.2   主距误差

$$\begin{cases} x = -f\,\dfrac{a_1(X-X_S)+b_1(Y-Y_S)+c_1(Z-Z_S)}{a_3(X-X_S)+b_3(Y-Y_S)+c_3(Z-Z_S)} \\ y = -f\,\dfrac{a_2(X-X_S)+b_2(Y-Y_S)+c_2(Z-Z_S)}{a_3(X-X_S)+b_3(Y-Y_S)+c_3(Z-Z_S)} \end{cases} \tag{3.16}$$

根据共线方程通用形式，如式（3.16）所示，对主距 f 求偏导，则

$$\begin{cases} \mathrm{d}x = \dfrac{a_1(X-X_S)+b_1(Y-Y_S)+c_1(Z-Z_S)}{a_3(X-X_S)+b_3(Y-Y_S)+c_3(Z-Z_S)}\,\mathrm{d}f \\ \mathrm{d}y = \dfrac{a_2(X-X_S)+b_2(Y-Y_S)+c_2(Z-Z_S)}{a_3(X-X_S)+b_3(Y-Y_S)+c_3(Z-Z_S)}\,\mathrm{d}f \end{cases} \tag{3.17}$$

假设 (X,Y,Z) 对应的真实相机坐标为 (x_c', y_c', f')，则结合式（3.16）及式（3.17）：

$$\begin{cases} \mathrm{d}x = \dfrac{x_c'}{f'}\mathrm{d}f \\ \mathrm{d}y = \dfrac{y_c'}{f'}\mathrm{d}f \end{cases} \tag{3.18}$$

可以看出，主距误差造成的几何定位误差为比例误差。

3.4.3   探元尺寸误差

由于地面测量精度所限及在轨温度等物理环境的影响，探元在轨实际尺寸可能与设计值存在差异，可表示为式（3.19），但对于线阵 CCD，探元尺寸误差仅引入垂轨向定位误差，沿轨向为 0：

$$\begin{cases} \Delta x = (x_i - x_0) \cdot \Delta \lambda_{\text{ccd}} = x_{\text{c}} \dfrac{\Delta \lambda_{\text{ccd}}}{\lambda_{\text{ccd}}} \\ \Delta y = (y_i - y_0) \cdot \Delta \lambda_{\text{ccd}} = y_{\text{c}} \dfrac{\Delta \lambda_{\text{ccd}}}{\lambda_{\text{ccd}}} \end{cases} \tag{3.19}$$

3.4.4　CCD 阵列旋转误差

理想情况下 CCD 阵列垂直于卫星飞行方向摆放，但由于装配精度及在轨后的变化，其位置通常会偏离理想位置而存在旋转误差。

对于线阵推扫相机，如图 3.9 所示，假定线阵旋转角为 θ，旋转中心为 y_1，而主点为 y_0，则对于任意探元 y，在坐标系 $y_1 x' y'$ 中：

$$\begin{cases} x' = 0 \\ y' = (y - y_1) \cdot \lambda_{\text{ccd}} \end{cases} \tag{3.20}$$

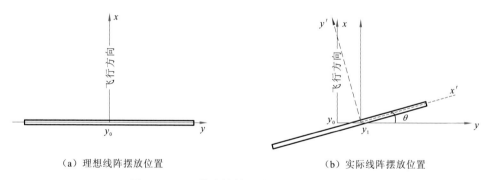

（a）理想线阵摆放位置　　　　　　　　（b）实际线阵摆放位置

图 3.9　CCD 线阵旋转误差对几何定位的影响

依据图 3.9（b）几何关系，$y_1 xy$ 坐标系中坐标为

$$\begin{cases} x = (y - y_1) \cdot \lambda_{\text{ccd}} \cdot \sin \theta \\ y = (y - y_1) \cdot \lambda_{\text{ccd}} \cdot \cos \theta \end{cases} \tag{3.21}$$

$y_1 x' y'$ 与 $y_1 xy$ 坐标系间仅存在坐标原点的平移，因此 y 在 $y_0 xy$ 坐标系中的坐标为

$$\begin{cases} x = (y - y_1) \cdot \lambda_{\text{ccd}} \cdot \sin \theta \\ y = (y - y_1) \cdot \lambda_{\text{ccd}} \cdot \cos \theta + (y_1 - y_0) \cdot \lambda_{\text{ccd}} \end{cases} \tag{3.22}$$

CCD 线阵旋转误差对几何定位的影响为

$$\begin{cases} \Delta x = (y - y_1) \cdot \lambda_{\text{ccd}} \cdot \sin \theta \\ \Delta y = (y - y_1) \cdot \lambda_{\text{ccd}} \cdot (\cos \theta - 1) + (y_1 - y_0) \cdot \lambda_{\text{ccd}} \end{cases} \tag{3.23}$$

对于面阵相机，如图 3.10 所示。

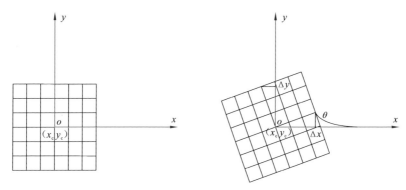

（a）理想面阵摆放位置　　　　　　（b）实际面阵摆放位置

图 3.10　CCD 面阵旋转误差对几何定位的影响

CCD 面阵旋转误差对几何定位的影响为

$$\begin{cases} \Delta x = x_{\text{c}} \cdot \sin\theta \\ \Delta y = y_{\text{c}} \cdot (\cos\theta - 1) \end{cases} \tag{3.24}$$

3.4.5　镜头畸变

镜头畸变主要包括径向畸变和偏心畸变。

径向畸变是由于镜头中透镜的曲面误差引起的，它使像点沿径向产生偏差[26]。根据光学设计理论，径向畸变可采用下式所示的奇次多项式表示[26-30]：

$$\Delta r = k_1 r^3 + k_2 r^5 + k_3 r^7 + \cdots \tag{3.25}$$

由径向畸变引起的像点偏移为

$$\begin{cases} \Delta x = k_1 x_{\text{c}} r^2 + k_2 x_{\text{c}} r^4 + k_3 x_{\text{c}} r^6 + \cdots \\ \Delta y = k_1 y_{\text{c}} r^2 + k_2 y_{\text{c}} r^4 + k_3 y_{\text{c}} r^6 + \cdots \end{cases} \tag{3.26}$$

式中：$r^2 = x_{\text{c}}^2 + y_{\text{c}}^2$。

3.4.6　偏心畸变

偏心畸变是由于镜头制造及安装等误差的存在，多个光学镜头的中心不完全共线，从而产生偏心畸变，它们使成像点沿径向方向和垂直于径向的方向相对其理想位置都发生偏离，如图 3.11 所示。

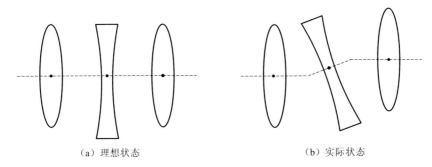

　　　　（a）理想状态　　　　　　　　　　　　　（b）实际状态

图 3.11　光学镜头不共线示意图

偏心畸变可表示为[27-30]：

$$P(r) = \sqrt{P_1^2 + P_2^2} \cdot r^2 \tag{3.27}$$

由偏心畸变引起的像点位移为

$$\begin{cases} \Delta x = \left[p_1(3x_c^2 + y_c^2) + 2p_2 x_c y_c \right] \left[1 + p_3 r^2 + \cdots \right] \\ \Delta y = \left[p_2(3x_c^2 + y_c^2) + 2p_1 x_c y_c \right] \left[1 + p_3 r^2 + \cdots \right] \end{cases} \tag{3.28}$$

3.5　时间同步误差对几何定位的影响机理

　　从几何定位角度，时间同步误差本质上可看成轨道位置误差及姿态误差。假设卫星拍摄的位置及姿态固定不变，时间同步误差并不会影响几何定位精度；而正是由于推扫成像过程中卫星的运动使时间同步误差对几何定位产生影响。假设卫星运动速度为 v，姿态角速度为 a，则 Δt 的时间同步误差可看成轨道位置误差 Δp 及姿态误差的综合误差 Δa：

$$\Delta p = v \Delta t, \quad \Delta a = a \Delta t \tag{3.29}$$

　　由式（3.29）可知，时间同步误差引起的轨道位置误差、姿态误差分别由卫星运行速度、姿态角速度确定。对于静止轨道，其相对速度近似为 0，其姿态角速度也近似为 0。

　　显然，当星上时间同步误差表现为随机性，则由其引起的轨道位置误差及姿态误差也为随机误差；而当星上时间同步误差表现为系统性，即 Δt 基本不变，对于卫星轨道而言，其在单景扫描的短时间内，卫星运行速度变化较小，由时间同步误差引起的轨道位置误差主要表现出系统性；而对于卫星姿态而言，由于卫星平台的稳定度偏低，姿态角速度短时内变化从而系统性时间同步误差会引起随机性姿态误差。

3.6 仿真验证

以下仿真试验均采用文献[31]中资源三号模拟系统进行仿真试验。

3.6.1 轨道误差仿真验证

如表 3.2 所示，以 2020 年 3 月 21 日 9 时 50 分 24 秒为起始时刻、仿真时长为 100 s、采样步长 1 s、平均高度为 631.569 km、轨道偏心率 0.0012、轨道倾角 97.908°、近地点幅角 90°、轨道重力场阶数为 5，相机以资三线阵正视相机为例，主距 1.7 m、探元大小 0.007 mm、总共 3 片 CCD，每片大小为 8192，姿态采用参数仿真轨道系定姿，采样步长为 4 Hz，不添加任何姿态误差，仅添加轨道误差（其加入的具体值如表 3.2 所示），得到轨道误差对平面定位精度影响的仿真分析结果和理论分析结果的比较。从图 3.12 可以看出，仿真结果的值和理论结果的值符合得比较好，证明了仿真系统的客观正确性。

表 3.2　轨道误差仿真与理论精度的比较　　　　　　（单位：m）

轨道误差	理论误差	仿真误差
10	14.142	14.237
20	28.284	28.474
30	42.426	42.711
40	56.569	56.947
50	70.711	71.184

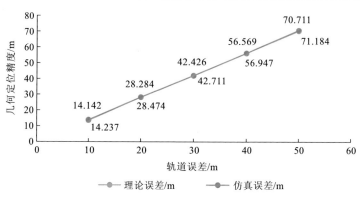

图 3.12　轨道误差影响机理理论+仿真分析

下面以轨道位置误差 50 m 为例进行轨道误差规律分析，如图 3.13 所示，可以看到轨道系统误差具有一致的方向性，对几何定位的影响主要为平移误差，表 3.3 为轨道误差仿真对平面定位精度影响的统计值，包括物方精度统计和像方精度统计。

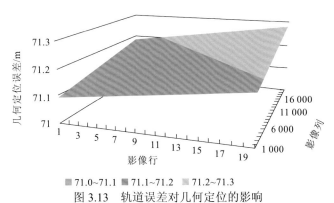

图 3.13　轨道误差对几何定位的影响

表 3.3　轨道误差仿真对平面定位精度影响的统计值

物方精度统计（RMS/m）	纬度向	经度向	最大	最小	总体
	50.333	50.337	71.280	71.097	71.184
像方精度统计（RMS/像素）	沿轨向	垂轨向	最大	最小	总体
	10.142	10.097	14.330	14.292	14.311

3.6.2　姿态误差仿真验证

1. 姿态系统误差

由 3.3 节分析可知，俯仰角误差对几何定位的影响机理与滚动角误差一致，因此，下面只针对滚动角进行误差机理仿真验证，以 2020 年 3 月 21 日 9 时 50 分 24 秒为起始时刻、仿真时长为 100 s、采样步长 1 s、平均高度为 631.569 km、轨道偏心率 0.0012、轨道倾角 97.908°、近地点幅角 90°、轨道重力场阶数为 5，相机以资三线阵正视相机为例，主距 1.7 m、探元大小 0.007 mm、总共 3 片 CCD，每片大小为 8192，仅添加姿态滚动角误差，姿态采用步长为 4 Hz，成像模式包括星下点成像和侧摆成像，以资源三号为例，取其滚动角误差为 $\Delta\omega = 5''$（姿态测量精度），针对不同成像模式进行仿真分析，如表 3.4 所示，不同侧摆模式下，滚动角引起的像方误差基本一致，滚动角引起的像点偏移与卫星侧摆角无关。

表 3.4　滚动角在不同侧摆模式下对像方定位的影响

项目	像方 RMS/像素				
	沿轨向	垂轨向	最大	最小	总体
星下点	0.003 76	5.891 87	5.902 22	5.886 99	5.891 87
侧摆 11°	0.001 68	5.886 48	5.902 09	5.876 11	5.886 49
侧摆 22°	0.002 39	5.880 72	5.901 16	5.829 24	5.880 72

　　同样，由式（3.9）可知，滚动角引起的像点偏移与探元视场角有关，以资源三号为例（其视场角相对较大，为 6°），取其滚动角误差为 $\Delta\omega = 5''$（姿态测量精度），按式（3.9）计算该姿态误差在不同视场处引起的像点偏移，结果如图 3.14（a）所示；图 3.14（b）为文献[31]中资源三号模拟系统的仿真结果，可见其与式（3.9）计算结果具有很好的一致性，全视场内由滚动角误差引起的像点偏移最大差异不超过 0.02 个像素，因此可以忽略该差异而认为滚动角误差引起的几何定位误差为平移误差。

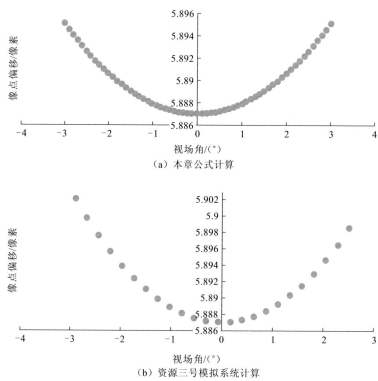

（a）本章公式计算

（b）资源三号模拟系统计算

图 3.14　资源三号正视滚动角的像点偏移随视场角的变化规律

　　下面针对姿态偏航角进行仿真验证，如表 3.5 所示，同样以 2020 年 3 月 21 日 9 时 50 分 24 秒为起始时刻，仿真时长为 100 s、采样步长 1 s、平均高度为 631.569 km、轨道偏心率 0.0012、轨道倾角 97.908°、近地点幅角 90°、轨道重力场阶数为 5，相机以"资源三号"三线阵正视相机为例，主距 1.7 m、探元大小 0.007 mm、总共 3 片 CCD，每片大小为 8192，仅添加姿态偏航角误差（其加入的具体值如表 3.5 所示），得到姿态偏航角误差对平面定位精度影响的仿真分析结果和理论分析结果的比较。从图 3.15 可以看出，仿真结果的值和理论结果的值符合得比较好，验证了仿真系统的正确性。

表 3.5　姿态偏航角误差仿真与理论精度的比较

偏航角误差/（″）	理论误差/像素		仿真误差/像素	
	沿轨	垂轨	沿轨	垂轨
1	0.000	0.060	0.000	0.064
2	0.000	0.119	0.000	0.128
3	0.000	0.179	0.000	0.186
4	0.000	0.238	0.000	0.247
5	0.000	0.298	0.000	0.306

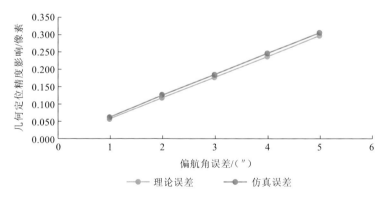

图 3.15　姿态偏航角误差影响机理理论+仿真分析

　　下面只加入 5″姿态偏航系统误差，进行姿态偏航角误差规律分析，看其残差方向变化规律，如图 3.16 所示，姿态偏航误差主要引起旋转误差，距离视场中心越远，影响越大（为表征误差规律，此处误差均取正值），同时，通过图 3.17 的残差方向也可以看出误差方向呈现旋转的趋势。

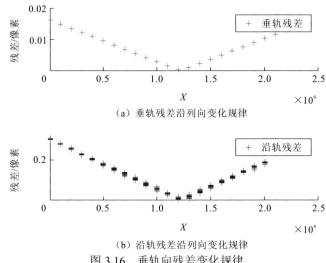

（a）垂轨残差沿列向变化规律

（b）沿轨残差沿列向变化规律

图 3.16　垂轨向残差变化规律

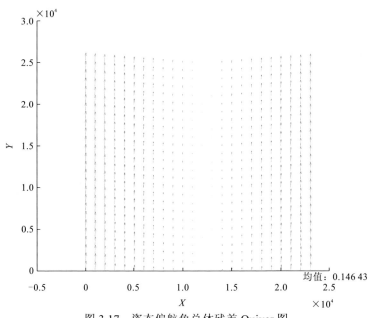

图 3.17　姿态偏航角总体残差 Quiver 图

2. 姿态低频误差

姿态低频误差的影响规律本章采用在轨真实数据进行验证，总共选择了 11 轨资源三号 02 星正视影像数据，横跨南北半球。如图 3.18 所示，试验数据轨道号按照从北到南的顺序为：5043 轨、4130 轨、405 轨、4311 轨、3758 轨、3757 轨、4935 轨、4844 轨、1089 轨、4738 轨、344 轨。实验数据分布纬度范围为-40°～71°。

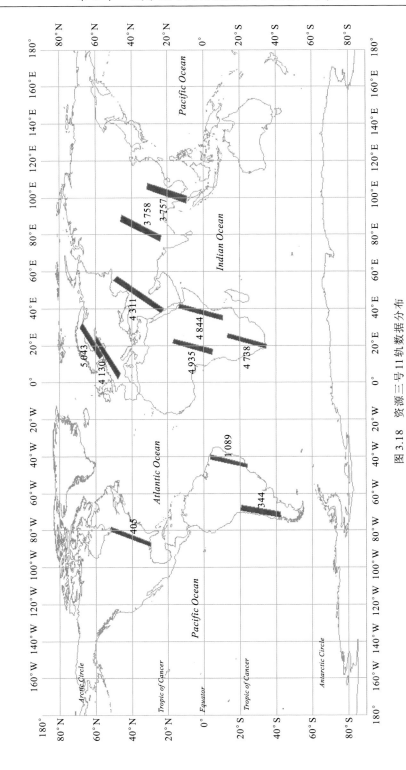

图 3.18　资源三号 11 轨数据分布

依据国内外控制区域,对长条带内每景影像进行精度验证。按照纬度从低到高的变化,依次列出沿轨向和垂轨向的定位误差变化情况。

如图 3.19 所示,横轴为纬度变化,纵轴为无控定位残差。从图中可以看到,不同轨纬度重叠区域的无控定位残差一致性比较好。不同纬度上的定位差异最大达到 15～20 个像素。对图 3.19 所示的定位残差采用傅里叶级数进行建模拟合,结果如图 3.20 所示(蓝色曲线为建模拟合函数曲线)。

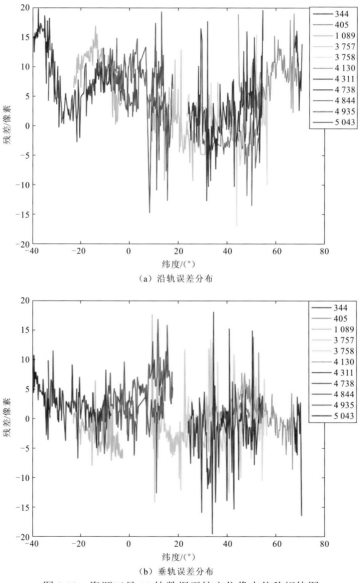

(a)沿轨误差分布

(b)垂轨误差分布

图 3.19 资源三号 11 轨数据无控定位像点偏移规律图

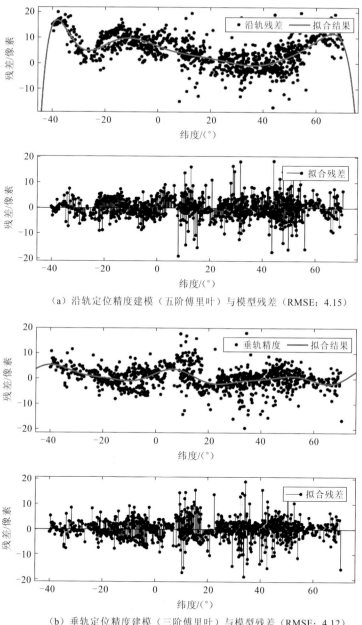

（a）沿轨定位精度建模（五阶傅里叶）与模型残差（RMSE：4.15）

（b）垂轨定位精度建模（三阶傅里叶）与模型残差（RMSE：4.12）

图 3.20　资源三号无控定位像点偏移规律图

　　从以上结果可以看到，对 11 轨数据的整体拟合精度可以达到 4 个像素左右。考虑长条带影像的分布，控制点数据来源不一，分辨率大小不同，控制点误差实际在 1 个像素左右。因此可以认为拟合精度较高，并且可以认为该拟合函数 $g(t)$

能反映姿态误差的变化趋势。但是，从拟合结果来看，沿轨残差需要五阶傅里叶进行拟合，而垂轨向仅需要三阶傅里叶进行拟合；通过对沿轨残差仔细观察发现，其南北半球的趋势具有一定差异，为了进行进一步分析验证，将南北半球的定位残差分别进行建模，北半球定位残差结果如图 3.21 所示。

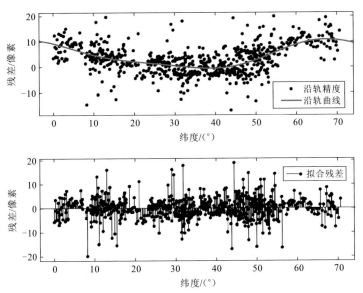

（a）沿轨定位精度建模（二阶傅里叶）与模型残差（RMSE：4.43）

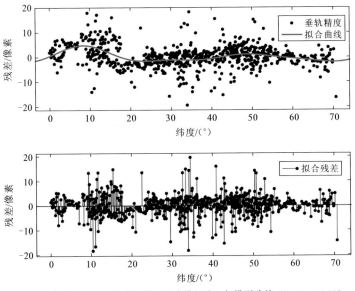

（b）垂轨定位精度建模（四阶傅里叶）与模型残差（RMSE：4.28）

图 3.21　北半球无控定位像点偏移规律图

　　可以发现北半球规律性不明显,采用二阶傅里叶建模拟合的沿轨向模型残差为 4.43 个像素,采用四阶傅里叶建模拟合的垂轨向模型残差为 4.28 个像素。将南半球定位残差单独列出来,同样分为沿轨向和垂轨向精度,分别进行傅里叶级数拟合,拟合结果和拟合残差如图 3.22 所示。

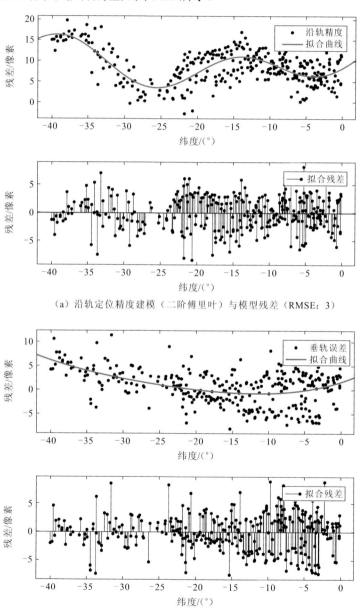

（a）沿轨定位精度建模（二阶傅里叶）与模型残差（RMSE：3）

（b）垂轨定位精度建模（二阶傅里叶）与模型残差（RMSE：3.3）

图 3.22　南半球无控定位像点偏移规律图

根据图 3.21 和图 3.22 结果可以看到，南北半球的定位残差具有不一致性，如果对南北半球进行整体拟合（图 3.20），沿轨向需要高至五阶傅里叶；而若对南北半球分别进行拟合，则最高二阶即可完成较高精度的拟合；以南半球的建模拟合为例，在沿轨方向，其定位残差波形特征明显，呈现较为简单的正余弦特征，进行傅里叶简单拟合的精度高至 3 个像素左右。

由于大部分长条带位于国外，控制点多数采集于谷歌图层，对所有长条带覆盖的影像图层进行检查，发现南半球影像多数采集自南美洲，该区域谷歌为高分辨率影像图层；而北半球控制采集自亚、欧、美洲区域，部分区域（尤其高纬度区域）控制影像为低分辨率的 Landsat 影像，控制精度差异较大，可能影响了其规律探测及建模。

综上所述，在轨卫星存在不可避免的周期性姿态低频误差，低频误差具有多波形叠加的规律。

3. 姿态高频误差

姿态高频误差主要影响影像的内精度，仿真过程包括三个部分：带有高频抖动信息的无误差标称姿态 A_1 仿真，不带高频抖动信息的带误差姿态 A_2 仿真，以及高频抖动测量数据 A_3 仿真。在通常情况下，A_1 表示卫星姿态的真实状态，A_2 表示根据星敏和陀螺滤波的姿态，A_3 表示测量或者计算得到的角位移数据。本节默认比较的为 A_2、A_3 经过处理后的高频姿态抖动修正结果，与标称姿态 A_1 之间的误差。

表 3.6 表示三种高频抖动参数的设置情况。下面将分别针对这三种设置进行仿真分析。

表 3.6　高频抖动输入参数

示例	频率/Hz	初始相位/（°）	滚动角/（″）	俯仰角/（″）	偏航角/（″）
A_1	160	110	2	0	0
A_2	180	0	3	0	0
	100	0	2	0	0
A_3	120	0	2	1	2

根据表 3.6 A_1 所示，在仅有 $f = 160\,\mathrm{Hz}$ 高频抖动、初始相位为 110°、滚动角误差为 2″ 的情况下，考虑角位移在不同采样频率下的处理结果和标称姿态进行比较，可以发现，当采样频率 Sample < 320 Hz，其几何精度变化规律与抖动趋势一致（图 3.23）。而当采样频率 Sample = 320 Hz 时，抖动对几何的影响有所减弱，

当采样频率较高（例如 1 000 Hz）时，其几何精度受抖动影响较小（图 3.24）。并且经过仿真和处理，滚动角 2″（即波峰和波谷差为 4″）的影响可以减弱为 0.3″。

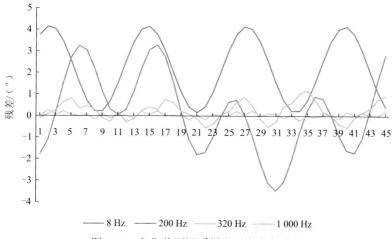

图 3.23　角位移不同采样率下姿态角残差

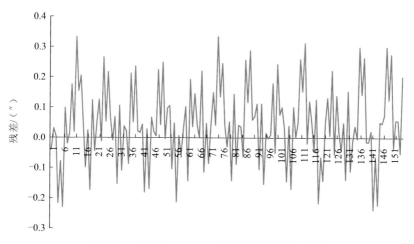

图 3.24　角位移 1 000 Hz 采样率下姿态角残差

对上述 4 种不同采样情况下的姿态角残差进行傅里叶变换和频谱分析，结果如图 3.25 所示。在角位移采样频率仅有 8 Hz 时（类似于常规的陀螺输出频率），姿态角度残差在 160 Hz 的频谱点具有较大值；在采样频率 200 Hz 时，频谱点依然以 200 Hz 为主；在采样频率为 320 Hz 时，残差显示频谱点包括 200 Hz 和 425 Hz；在采样频率为 1 000 Hz 时，仅剩下较小振幅的 160 Hz 残差。

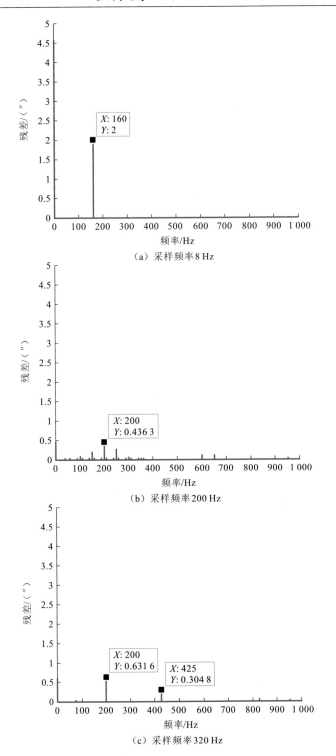

（a）采样频率8 Hz

（b）采样频率200 Hz

（c）采样频率320 Hz

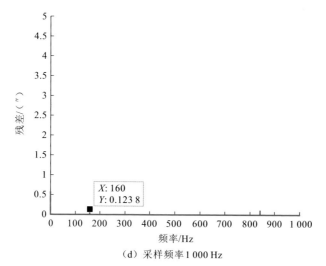

（d）采样频率 1 000 Hz

图 3.25　角位移不同采样频率几何精度频谱分析

考虑在 X 轴有多个频率的高频抖动叠加的情况，如表 3.6 A_2 所示。经过 1 000 Hz 采样的角位移处理，高频修正前后姿态残差情况如图 3.26 所示。

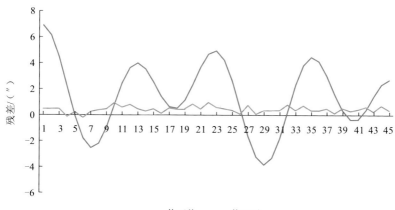

——修正前　　——修正后

图 3.26　高频修正前后角度残差

如图 3.27 所示，对处理结果残差进行频谱分析可知，X 轴叠加 180 Hz（3″）与 100 Hz（2″）高频，在经过角位移数据处理后，180 Hz 处振幅降低为 0.23″，100 Hz 处振幅降低为 0.05″。

如图 3.28 所示，图 3.28（a）为两种频率的抖动（180 Hz 与 100 Hz）叠加对影像的影响，图 3.28（b）仅为一种高频抖动频率（100 Hz）仿真的抖动。

综上所述，高频误差具有往复周期性，高频误差模型与低频误差中的周期性误差模型类似。

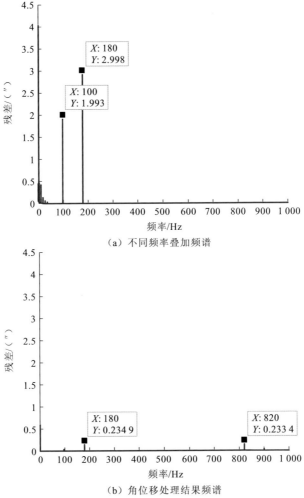

（a）不同频率叠加频谱

（b）角位移处理结果频谱

图 3.27　不同频率叠加频谱和角位移处理结果频谱

3.6.3　内方位元素误差仿真验证

1. 主点偏移误差

　　如表 3.7 所示，以 2020 年 3 月 21 日 9 时 50 分 24 秒为起始时刻、仿真时长为 100 s、采样步长 1 s、平均高度为 631.569 km、轨道偏心率 0.0012、轨道倾角 97.908°、近地点幅角 90°、轨道重力场阶数为 5，不添加任何轨道误差，姿态采用参数仿真轨道系定姿，采样步长为 4 Hz，不添加任何姿态误差，相机主距 14 m，5 片 CCD，每片 12 280 探元，探元大小 7 μm，仅添加主点偏移误差 2 像素，

　　（a）两种频率的抖动（180 Hz 与 100 Hz）叠加　　　　（b）一种高频抖动频率（100 Hz）仿真抖动

图 3.28　不同频率叠加对影像产生的影响

得到主点误差对平面定位精度影响的仿真分析结果和理论分析结果的比较。从图 3.29 可以看出，仿真结果的值和理论结果的值符合得比较好，验证了理论分析的正确性。

表 3.7　主点偏移误差仿真与理论精度的比较

项目	主点偏移误差/μm	理论误差/像素	仿真误差/像素
沿轨	14	2	1.999 035
垂轨	14	2	1.997 935

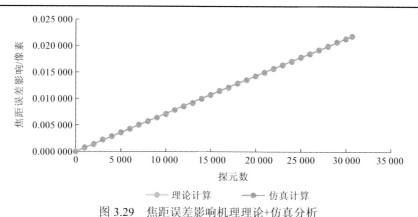

图 3.29　焦距误差影响机理理论+仿真分析

2. 主距误差

在同样的仿真环境下，根据实际相机工艺设计，仅添加主距误差 0.01 mm，

57

得到主点误差对平面定位精度影响的仿真分析结果和理论分析结果的比较（表 3.8）。从图 3.29 可以看出，仿真结果的值和理论结果的值符合得比较好，主距误差造成的几何定位误差为比例误差。

表 3.8　主距误差边缘像素值仿真与理论精度的比较

主距误差/mm	理论误差/像素	仿真误差/像素
0.01	0.021 929	0.021 834

3. 探元尺寸误差

在同样的仿真环境下，根据实际相机工艺设计，仅添加探元尺寸误差 0.000 02 μm，以线阵相机为例，得到 CCD 阵列探元尺寸误差对平面定位精度的影响（表 3.9）。从图 3.30 可以看出，仿真结果的值和理论结果的值符合得比较好，探元尺寸误差造成的几何定位误差为比例误差。

表 3.9　探元尺寸误差边缘像素值仿真与理论精度的比较

探元尺寸误差/μm	理论误差/像素	仿真误差/像素
0.000 02	0.087 714	0.087 71

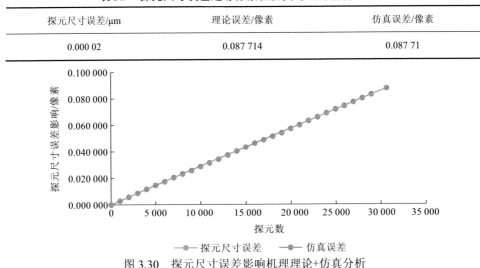

图 3.30　探元尺寸误差影响机理理论+仿真分析

4. CCD 阵列旋转误差

在同样的仿真环境下，根据实际相机工艺设计，仅添加 CCD 阵列旋转误差 10″，得到 CCD 阵列旋转误差对平面定位精度影响（表 3.10）。从图 3.31 和图 3.32 可以看出，CCD 阵列旋转误差与正视下的姿态偏航旋转误差规律一致，对相机边缘视场影响最大。

表 3.10　计算得到的 CCD 阵列旋转误差对平面定位精度影响的统计值

物方精度统计（RMS/m）	纬度向	经度向	最大	最小	总体
	0.854	0.192	1.547	0.042	0.875

像方精度统计（RMS/像素）	沿轨向	垂轨向	最大	最小	总体
	0.338	0.002	0.603	0.007	0.338

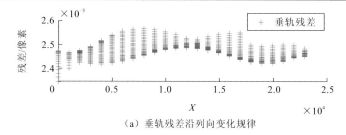

（a）垂轨残差沿列向变化规律

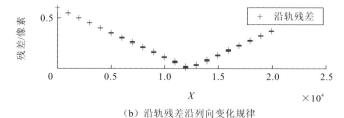

（b）沿轨残差沿列向变化规律

图 3.31　CCD 阵列旋转误差对几何定位的影响

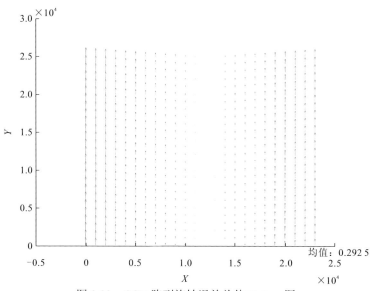

图 3.32　CCD 阵列旋转误差总体 Quiver 图

5. 镜头畸变

在同样的仿真环境下，根据实际相机工艺设计，仅添加畸变误差 k_1=2.415 791×10^{-10}、k_2=-1.964 004×10^{-16}、k_3=-4.256 974×10^{-8}、k_4=3.337 426×10^{-8}，得到畸变误差对平面定位精度影响（表 3.11）。从图 3.33 可以看出，畸变误差对几何定位精度的影响很小，几乎可以忽略。

表 3.11   计算得到的镜头畸变误差对平面定位精度影响的统计值

物方精度统计	纬度向	经度向	最大	最小	总体
（RMS/m）	0.000 05	0.000 051	0.000 168	0.000 0	0.000 071 9
像方精度统计	沿轨向	垂轨向	最大	最小	总体
（RMS/像素）	0.013 10	0.000 191	0.067 053	0.000 0	0.013 097 6

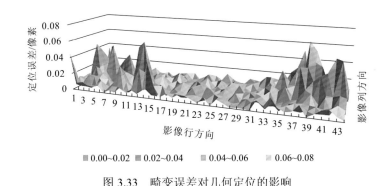

图 3.33   畸变误差对几何定位的影响

3.6.4   时间同步误差仿真验证

以资源三号卫星为例，采用文献[31]中的仿真系统进行模拟，模拟中设定的成像时长约为一景正视标准景时间 7 s。图 3.34（a）为仅在轨道时间上加入 1 ms 误差引起的几何定位误差，可见其最大定位误差与最小定位误差相差不超过 0.05 个像素，基本为系统误差；而图 3.34（b）中设定姿态稳定度为 5×10^{-4}°/s、仅在姿态时间中加入 1 ms 误差引起的定位误差，可见最大定位误差与最小定位误差相差约 0.2 个像素，呈现出随机性。

因此，考虑国产卫星平台的稳定性程度，无论时间同步误差是否表现为系统性，其引起的几何定位误差都具有随机性特点。

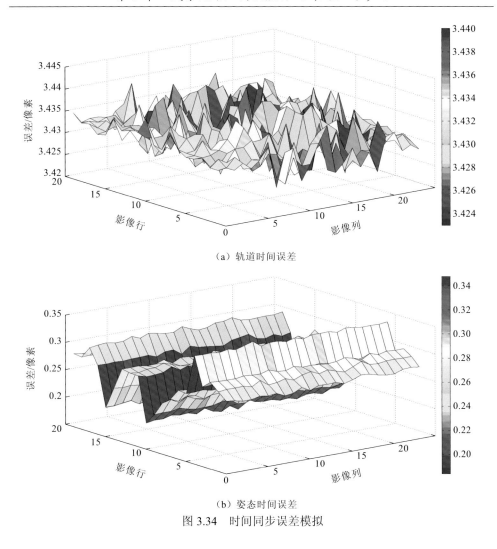

（a）轨道时间误差

（b）姿态时间误差

图 3.34　时间同步误差模拟

参 考 文 献

[1] ZHAG Q L, LIU J N, GE M R. High precision orbit determination of CHAMP satellite[J]. Geo-Spatial Information Science, 2006, 9(3): 180-186.

[2] 赵春梅, 唐新明. 基于星载 GPS 的资源三号卫星精密定轨[J]. 宇航学报, 2013, 34(9): 1202-1206.

[3] 郭靖, 赵齐乐, 李敏. 利用星载 GPS 观测数据确定海洋 2A 卫星 cm 级精密轨道[J].武汉大学学报(信息科学版), 2013, 38(1): 52-55.

[4] 郭向, 郭靖, 张强, 等. GOCE 卫星厘米级精密定轨[J]. 大地测量与地球动力学, 2013, 33(2): 77-81.

[5] WENG J Y, COHEN P, HERNIOU M. Camera calibration with distortion models and accuracy evaluation[J]. IEEE Transactions On Pattern Analysis And Machine Intelligence, 1992, 14(10): 965-979.

[6] FRYER J G. Lens distortion for close-range photogrammetry[J]. Photogrammetric Engineering and Remote Sensing, 1986, 52(1): 51-58.

[7] 王任享, 王建荣, 胡莘. 卫星摄影姿态测定系统低频误差补偿[J]. 测绘学报, 2016(2): 127-130.

[8] BLARRE L, OUAKNINE J, ODDOSMARCEL L, et al. High accuracy sodern star trackers: Recent improvements proposed on SED36 and HYDRA star trackers[C] // AIAA Guidance, Navigation, and Control Conference and Exhibit, 2006.

[9] LUDOVIC B, NICOLAS P, STEPHEN A. New multiple head star sensor (HYDRA) description and status[R]. Reston: AIAA, 2005.

[10] BOUILLON A, BRETON E, DE LUSSY F, et al. SPOT5 HRG and HRS first in-flight geometric quality results[C] // Proceedings of SPIE, 2003, 4881:212-223.

[11] BOUILLON A, BRETON E, DE LUSSY F, et al. SPOT5 geometric image quality[C] // IEEE International Geoscience and Remote Sensing Symposium, 2003.

[12] BRESNAHAN P, BROWN E, HENRYVAZQUEZ L. WorldView-3 absolute geolocation accuracy evaluation[C] // Joint Agency Commercial Imagery Evaluation Workshop, Tampa, FL, USA, 2015.

[13] BRESNAHAN P, BROWN E, VAZQUEZ L H. KOMPSAT-3 absolute geolocation accuracy evaluation[C] // Joint Agency Commercial Imagery Evaluation, Tampa, FL, USA, 2015.

[14] BRETON E, BOUILLON A, GACHET R, et al. Pre-flight and in-flight geometric calibration of SPOT 5 HRG and HRS images[J]. International Archives of the Photogrammetry, Remote Sensing and Spatial Information Sciences, 2002: 34.

[15] 王兴涛, 李迎春, 李晓燕. "天绘一号" 卫星星敏感器精度分析[J]. 遥感学报, 2012(S1): 90-93.

[16] TONG X, LI L, LIU S, et al. Detection and estimation of ZY-3 three-line array image distortions caused by attitude oscillation[J]. ISPRS Journal of Photogrammetry and Remote Sensing, 2015, 101: 291-309.

[17] TONG X, XU Y, YE Z, et al. Attitude oscillation detection of the ZY-3 satellite by using multispectral parallax images[J]. IEEE Transactions on Geoscience and Remote Sensing, 2015, 53(6): 3522-3534.

[18] TONG X, YE Z, XU Y, et al. Framework of Jitter detection and compensation for high resolution satellites[J]. Remote Sensing, 2014, 6(5): 3944-3964.

[19] TOYOSHIMA M. In-orbit measurements of short term attitude and vibrational environment on the engineering test satellite VI using laser communication equipment[J]. Optical Engineering, 2001, 40(5): 827-832.

[20] TOYOSHIMA M, TAKAYAMA Y, KUNIMORI H, et al. In-orbit measurements of spacecraft microvibrations for satellite laser communication links[J]. Optical Engineering, 2010, 49(8): 578.

[21] VALORGE C, MEYGRET A, LEBEGURE L, et al. Forty years of experience with SPOT in-flight calibration[J]. Post-Launch Calibration of Satellite Sensors, 2004: 119-133.

[22] WAHBA G. A least squares estimate of satellite attitude[J]. Siam Review, 2006, 7(3): 409.

[23] WANG P, AN W, DENG X, et al. A jitter compensation method for spaceborne line-array imagery using compressive sampling[J]. Remote Sensing Letters, 2015, 6(7): 558-567.

[24] 何红艳, 乌崇德, 王小勇. 侧摆对卫星及 CCD 相机系统参数的影响和分析[J]. 航天返回与遥感, 2003, 24(4): 14-18.

[25] TADONO T, SHIMADA M, HASHIMOTO T, et al. Results of calibration and validation of ALOS optical sensors, and their accuracy assessments[C]//Proc. IEEE IGARSS, Barcelona, Spain., 2007: 3602-3605.

[26] 李晓彤.几何光学和光学设计[M]. 杭州: 浙江大学出版社, 1997.

[27] BROWN D C. Close-range camera calibration[J]. Photogrammetric Engineering and Remote Sensing, 1971, 37(8): 855-866.

[28] FRASER C S. Digital camera self-calibration[J]. ISPRS Journal of Photogrammetry and Remote Sensing, 1997, 52(4): 149-159.

[29] 孔斌, 方廷健. 一种简单而精确的径向畸变标定方法[J]. 中国图象图形学报, 2004, 9(4): 429-434.

[30] 张永军. 利用二维 DLT 及光束法平差进行数字摄像机标定[J]. 武汉大学学报(信息科学版), 2002, 6(27): 571-576.

[31] 唐新明, 张过, 黄文超, 等. 低轨卫星平面和立体精度预估方法[P]: 中国, CN103868531A. 2014.06.18.

第 4 章　基于定标场的几何定标方法

4.1　外方位元素定标模型

光学卫星在轨成像过程中相机在物方坐标系下的位置指向主要由相机安装、卫星位置和卫星姿态确定，即卫星摄影测量中的外方位元素。在轨安装误差、姿轨测量误差均会影响几何定位精度。外方位元素定标是为了消除卫星载荷安装、姿轨测量系统误差，提升卫星绝对定位精度。

4.1.1　常量偏置矩阵模型

外方位元素定标模型的本质是建立设备安装误差和姿轨测量误差的补偿模型。设备安装误差与姿轨测量误差等效，因此仅需根据姿轨测量误差特性构建补偿模型。偏置矩阵是像素在本体坐标系中的实际观测方向与理论观测方向之间夹角所构成的正交旋转矩阵[1]，用于校正传感器与卫星平台坐标系之间不重合而导致的成像偏差[2, 3]。

星载载荷视场较小，轨道位置误差引起的几何定位误差为平移误差，与俯仰角误差、滚动角误差具有等效性[4]；图 4.1 所示直观地阐述了轨道位置误差与姿态误差的等效性。以图 4.1（a）为例，S 为卫星真实位置，S' 为卫星带误差位置；可认为卫星位置不存在误差，而俯仰角存在 $\Delta\varphi$ 的误差。

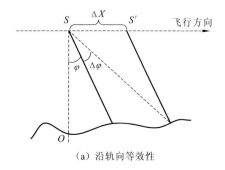
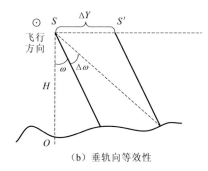

(a) 沿轨向等效性　　　　　　　　　　　　　(b) 垂轨向等效性

图 4.1　轨道误差与姿态误差等效性示意图

将轨道位置误差等平移误差等效为姿态角误差，采用偏置矩阵 $\boldsymbol{R}_\text{u}$ 补偿姿态误差，修正真实光线指向与带误差光线指向间的偏差，则

$$\begin{bmatrix} X \\ Y \\ Z \end{bmatrix} = \begin{bmatrix} X_\text{S} \\ Y_\text{S} \\ Z_\text{S} \end{bmatrix}_t + m\left(\boldsymbol{R}_\text{J2000}^\text{WGS84}\boldsymbol{R}_\text{body}^\text{J2000}\right)_t + \boldsymbol{R}_u\boldsymbol{R}_\text{camera}^\text{body} + \begin{bmatrix} f\cdot\tan\psi \\ (y_i - y_0)\cdot\lambda_\text{ccd} \\ f \end{bmatrix} \quad (4.1)$$

式中：$\boldsymbol{R}_\text{u}$ 为正交旋转矩阵，可分别绕 y 轴、x 轴、z 轴旋转角度 φ_u、ω_u、κ_u 得到。即

$$\boldsymbol{R}_\text{u} = \begin{bmatrix} a_1 & a_2 & a_3 \\ b_1 & b_2 & b_3 \\ c_1 & c_2 & c_3 \end{bmatrix} = \begin{bmatrix} \cos\varphi_\text{u} & 0 & \sin\varphi_\text{u} \\ 0 & 1 & 0 \\ -\sin\varphi_\text{u} & 0 & \cos\varphi_\text{u} \end{bmatrix}\begin{bmatrix} 1 & 0 & 0 \\ 0 & \cos\omega_\text{u} & -\sin\omega_\text{u} \\ 0 & \sin\omega_\text{u} & \cos\omega_\text{u} \end{bmatrix}\begin{bmatrix} \cos\kappa_\text{u} & -\sin\kappa_\text{u} & 0 \\ \sin\kappa_\text{u} & \cos\kappa_\text{u} & 0 \\ 0 & 0 & 1 \end{bmatrix}$$

$$(4.2)$$

式（4.1）可写成

$$\left(\boldsymbol{R}_\text{J2000}^\text{WGS84}\boldsymbol{R}_\text{body}^\text{J2000}\right)^{-1}\begin{bmatrix} X - X_\text{S} \\ Y - Y_\text{S} \\ Z - Z_\text{S} \end{bmatrix} = m\boldsymbol{R}_u\boldsymbol{R}_\text{camera}^\text{body} + \begin{bmatrix} f\cdot\tan\psi \\ (y_i - y_0)\cdot\lambda_\text{ccd} \\ f \end{bmatrix} \quad (4.3)$$

令 $\begin{bmatrix} x_\text{b} \\ y_\text{b} \\ z_\text{b} \end{bmatrix} = \boldsymbol{R}_\text{camera}^\text{body}\begin{bmatrix} f\cdot\tan\psi \\ (y_i - y_0)\cdot\lambda_\text{ccd} \\ f \end{bmatrix}$，$\begin{bmatrix} X_\text{b} \\ Y_\text{b} \\ Z_\text{b} \end{bmatrix} = \left(\boldsymbol{R}_\text{J2000}^\text{WGS84}\boldsymbol{R}_\text{body}^\text{J2000}\right)^{-1}\begin{bmatrix} X - X_\text{S} \\ Y - Y_\text{S} \\ Z - Z_\text{S} \end{bmatrix}$，

则

$$\begin{bmatrix} X_\text{b} \\ Y_\text{b} \\ Z_\text{b} \end{bmatrix} = m\boldsymbol{R}_\text{u}\begin{bmatrix} x_\text{b} \\ y_\text{b} \\ z_\text{b} \end{bmatrix} \quad (4.4)$$

显然，$(X_\text{b}\ \ Y_\text{b}\ \ Z_\text{b})^\text{T}$ 是由地面点坐标确定的光线本体系下的指向；而 $(x_\text{b}\ \ y_\text{b}\ \ z_\text{b})^\text{T}$ 是由像方坐标确定的光线本体系下的指向；$\boldsymbol{R}_\text{u}$ 用于修正两者的偏差从而实现姿态误差补偿。

展开式（4.4），可化为

$$\begin{cases} f_x = \dfrac{\overline{X}}{\overline{Z}} - \dfrac{x_\text{b}}{z_\text{b}} = 0 \\[2mm] f_y = \dfrac{\overline{Y}}{\overline{Z}} - \dfrac{y_\text{b}}{z_\text{b}} = 0 \end{cases} \quad (4.5)$$

其中

$$\begin{bmatrix} \overline{X} \\ \overline{Y} \\ \overline{Z} \end{bmatrix} = \begin{bmatrix} a_1\cdot X_\text{b} + b_1\cdot Y_\text{b} + c_1\cdot Z_\text{b} \\ a_2\cdot X_\text{b} + b_2\cdot Y_\text{b} + c_2\cdot Z_\text{b} \\ a_3\cdot X_\text{b} + b_3\cdot Y_\text{b} + c_3\cdot Z_\text{b} \end{bmatrix} \quad (4.6)$$

对上式进行线性化并构建误差方程：

$$v = Ax - l, \ p \tag{4.7}$$

式中：x 为 $(\mathrm{d}\varphi_b \quad \mathrm{d}\omega_b \quad \mathrm{d}\kappa_b)^T$；$l$ 为根据初值计算的 $(-f_x^0 \quad -f_y^0)^T$；p 为观测权值；

A 为系数矩阵 $\begin{pmatrix} \dfrac{\partial f_x}{\partial \varphi_b} & \dfrac{\partial f_x}{\partial \omega_b} & \dfrac{\partial f_x}{\partial \kappa_b} \\ \dfrac{\partial f_y}{\partial \varphi_b} & \dfrac{\partial f_y}{\partial \omega_b} & \dfrac{\partial f_y}{\partial \kappa_b} \end{pmatrix}$。

则

$$x = (A^T P A)^{-1} A^T P L \tag{4.8}$$

式中：P 为权值矩阵；L 为初值残差向量。

偏置矩阵中待求未知数为三个偏置角，而一个平高控制点可列两个方程。因此，理论上两个控制点即可解求偏置矩阵。

4.1.2　顾及时间线性量的偏置矩阵模型

针对姿态系统误差引起的平移、旋转误差，常量偏置矩阵能很好的补偿。但是，由于平台稳定性不够及陀螺漂移对姿态确定精度的影响，几何定位模型中常常存在着漂移误差[2-6]。图 4.2 展示了某国产卫星一景影像中的姿态漂移误差，其中，横坐标为影像行，在推扫成像中即代表成像时间，纵坐标为定位残差。

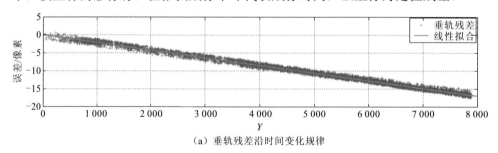

（a）垂轨残差沿时间变化规律

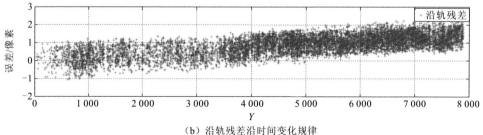

（b）沿轨残差沿时间变化规律

图 4.2　姿态漂移误差

显然，常量偏置矩阵无法补偿姿态漂移误差[7]。为此，在常量偏置矩阵中引入偏置角的时间变化率：

$$
\begin{aligned}
R_{\mathrm{u}} = &\begin{bmatrix} \cos(\varphi_{\mathrm{u}}+\varphi_{\mathrm{v}}t) & 0 & \sin(\varphi_{\mathrm{u}}+\varphi_{\mathrm{v}}t) \\ 0 & 1 & 0 \\ -\sin(\varphi_{\mathrm{u}}+\varphi_{\mathrm{v}}t) & 0 & \cos(\varphi_{\mathrm{u}}+\varphi_{\mathrm{v}}t) \end{bmatrix}\begin{bmatrix} 1 & 0 & 0 \\ 0 & \cos(\omega_{\mathrm{u}}+\omega_{\mathrm{v}}t) & -\sin(\omega_{\mathrm{u}}+\omega_{\mathrm{v}}t) \\ 0 & \sin(\omega_{\mathrm{u}}+\omega_{\mathrm{v}}t) & \cos(\omega_{\mathrm{u}}+\omega_{\mathrm{v}}t) \end{bmatrix} \\
&\cdot\begin{bmatrix} \cos\kappa_{\mathrm{u}} & -\sin\kappa_{\mathrm{u}} & 0 \\ \sin\kappa_{\mathrm{u}} & \cos\kappa_{\mathrm{u}} & 0 \\ 0 & 0 & 1 \end{bmatrix}
\end{aligned} \tag{4.9}
$$

式中：φ_{v}、ω_{v} 分别为卫星绕 x 轴、y 轴旋转的姿态角速度。

按照常量偏置矩阵类似方法，利用控制点基于最小二乘原理解求各未知数。

4.2　内方位元素定标模型

4.2.1　畸变模型

根据 3.4 节分析，各种内方位元素误差引起的像点综合偏移为

$$
\begin{cases}
\Delta x = \Delta x_0 + \dfrac{x_{\mathrm{c}}'}{f'}\mathrm{d}f + (y-y_1)\cdot\lambda_{\mathrm{ccd}}\cdot\sin\theta + k_1 x_{\mathrm{c}}r^2 + k_2 x_{\mathrm{c}}r^4 + k_3 x_{\mathrm{c}}r^6 + \cdots \\
\qquad + [p_1(3x_{\mathrm{c}}^2+y_{\mathrm{c}}^2)+2p_2 x_{\mathrm{c}}y_{\mathrm{c}}][1+p_3 r^2+\cdots] \\
\Delta y = \Delta y_0 + \dfrac{y_{\mathrm{c}}'}{f'}\mathrm{d}f + y_{\mathrm{c}}\cdot\dfrac{\Delta\lambda_{\mathrm{ccd}}}{\lambda_{\mathrm{ccd}}} + (y-y_1)\cdot\lambda_{\mathrm{ccd}}\cdot(\cos\theta-1) + (y_1-y_0)\cdot\lambda_{\mathrm{ccd}} \\
\qquad + k_1 y_{\mathrm{c}}r^2 + k_2 y_{\mathrm{c}}r^4 + k_3 y_{\mathrm{c}}r^6 + \cdots + [p_2(3x_{\mathrm{c}}^2+y_{\mathrm{c}}^2)+2p_1 x_{\mathrm{c}}y_{\mathrm{c}}][1+p_3 r^2+\cdots]
\end{cases} \tag{4.10}
$$

对于线阵 CCD，需要考虑如下因素：

（1）线阵 CCD 基本按垂直飞行方向摆放，因此 x' 可以看成常数；从而，$\dfrac{x'}{f'}\mathrm{d}f$ 为平移误差，可与 Δx_0 合并；另外，对于线阵 CCD，$y_{\mathrm{c}}=(y-y_0)\cdot\lambda_{\mathrm{ccd}}$；

（2）主距误差引起的垂轨向比例误差与探元尺寸误差完全相关，应做合并处理；

（3）由于地面安装设计，线阵 CCD 排列的旋转角通常较小，$\sin\theta\approx\cos\theta-1\approx0$，可将旋转中心 y_1 近似为主视轴点位置 y_0，则 CCD 旋转引起的垂轨向偏移为 $y_{\mathrm{c}}\cdot(\cos\theta-1)$，同样与主距误差、探元尺寸误差完全相关，应做合并处理；

（4）为避免镜头畸变模型的过度参数化问题，对径向畸变仅解求 k_1，k_2，偏

心畸变仅解求 p_1，p_2[8]。

则上式可化为

$$\begin{cases} \Delta x = \Delta x_0 + y_c \cdot x\_scale + k_1 x_c r^2 + k_2 x_c r^4 + p_1(3x_c^2 + y_c^2) + 2p_2 x_c y_c \\ \Delta y = \Delta y_0 + y_c \cdot y\_scale + k_1 y_c r^2 + k_2 y_c r^4 + p_2(3x_c^2 + y_c^2) + 2p_1 x_c y_c \end{cases} \quad (4.11)$$

考虑多片 CCD 装在同一相机内部，因此主距误差、镜头光学畸变一致。但各片 CCD 平移误差、旋转误差则可能不同。因此，需对上式进行扩展：

$$\begin{cases} \Delta x = (\Delta x_0)_{ccd\_i} + y_c \cdot x\_scale_{ccd\_i} + k_1 x_c r^2 + k_2 x_c r^4 + p_1(3x_c^2 + y_c^2) + 2p_2 x_c y_c \\ \Delta y = (\Delta y_0)_{ccd\_i} + y_c \cdot y\_scale_{ccd\_i} + k_1 y_c r^2 + k_2 y_c r^4 + p_2(3x_c^2 + y_c^2) + 2p_1 x_c y_c \end{cases} \quad (4.12)$$

式中：下标 ccd_i 表示第 i 片 CCD 的补偿参数。

4.2.2 指向角模型

由于镜头畸变等各种内方位元素误差的存在，确定探元的相机坐标需要考虑内方位元素误差引起的像点偏移 $(\Delta x, \Delta y)$。

基于畸变模型进行内方位元素定标，理论上存在三个问题：①畸变模型构建，基于一定的假设条件，例如普遍认为主视轴点为 CCD 旋转中心；这些假设条件与真实在轨状况可能不符；②存在部分难以建模的内方位元素误差，例如图 4.3 所示的 CCD 探元不共线安置等；③畸变模型众多、参数间相关性强，对求解的稳定性造成影响。而从应用角度，基于畸变模型的内方位元素定标通用性差，需要根据不同卫星载荷、甚至多光谱不同谱段的误差特征构建对应的畸变模型。

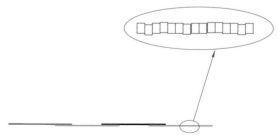

图 4.3　线阵 CCD 不共线安置示意图

从高精度定位的角度，重要的并不是剥离各项内方位元素误差并恢复它们的真值，而是能否恢复成像探元在相机坐标系下的真实指向。因此，可以以探元在相机坐标系下的指向作为定标参数，通过地面控制点恢复成像探元的真实指向（本书简称为探元指向角）。

如图 4.4 所示，将探元成像光线指向沿着轨道、垂直轨道进行分解，得到其

指向的角度表示 (Ψ_x, Ψ_y)。显然，指向角是各种内方位元素误差的综合表示，其与相机坐标 (x_c, y_c, f) 的转换关系为

$$\begin{cases} \tan\psi_x = \dfrac{x_c}{f} \\[2mm] \tan\psi_y = \dfrac{y_c}{f} \end{cases} \tag{4.13}$$

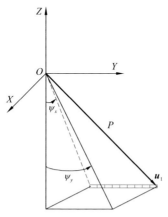

图 4.4　探元指向角示意图

则式（4.1）所示几何定标模型可改写成

$$\begin{bmatrix} X \\ Y \\ Z \end{bmatrix} = \begin{bmatrix} X_S \\ Y_S \\ Z_S \end{bmatrix}_t + m\left(\boldsymbol{R}_{J2000}^{WGS84} \boldsymbol{R}_{body}^{J2000} \right)_t \boldsymbol{R}_u \boldsymbol{R}_{camera}^{body} + \begin{bmatrix} \tan\psi_x \\ \tan\psi_y \\ 1 \end{bmatrix} \tag{4.14}$$

以 $\boldsymbol{R}_u$ 作为已知值，上式可转化为

$$\begin{bmatrix} X - X_S \\ Y - Y_S \\ Z - Z_S \end{bmatrix} = m\boldsymbol{R}_{camera}^{WGS84} \begin{bmatrix} \tan\psi_x \\ \tan\psi_y \\ 1 \end{bmatrix}, \quad \boldsymbol{R}_{camera}^{WGS84} = \begin{bmatrix} a_1 & a_2 & a_3 \\ b_1 & b_2 & b_3 \\ c_1 & c_2 & c_3 \end{bmatrix} \tag{4.15}$$

展开有

$$\begin{cases} f_x = \dfrac{a_1\tan\varphi_x + a_2\tan\varphi_y + a_3}{c_1\tan\varphi_x + c_2\tan\varphi_y + c_3} - \dfrac{X - X_S}{Z - Z_S} = 0 \\[3mm] f_y = \dfrac{b_1\tan\varphi_x + b_2\tan\varphi_y + b_3}{c_1\tan\varphi_x + c_2\tan\varphi_y + c_3} - \dfrac{Y - Y_S}{Z - Z_S} = 0 \end{cases} \tag{4.16}$$

以 $\overline{X} = \dfrac{X - X_S}{Z - Z_S}$，$\overline{Y} = \dfrac{Y - Y_S}{Z - Z_S}$ 作为观测值，$\tan\varphi_x$、$\tan\varphi_y$ 为未知数，对式（4.16）

线性化后构建误差方程：

$$v = Ax - l, \; p \qquad (4.17)$$

式中：x 为 $(d(\tan\psi_x) \quad d(\tan\psi_y))^{\mathrm{T}}$；$l$ 为根据初值计算的 $(-f_x^0 \quad -f_y^0)^{\mathrm{T}}$；$p$ 为观测权

值；A 为系数矩阵 $\begin{pmatrix} \dfrac{\partial f_x}{\partial(\tan\psi_x)} & \dfrac{\partial f_x}{\partial(\tan\psi_y)} \\[3mm] \dfrac{\partial f_y}{\partial(\tan\psi_x)} & \dfrac{\partial f_y}{\partial(\tan\psi_y)} \end{pmatrix}$，具体为

$$\begin{cases} \dfrac{\partial f_x}{\partial(\tan\psi_x)} = \dfrac{a_1 - c_1\overline{X}}{c_1\tan\psi_x + c_2\tan\psi_y + c_3}, & \dfrac{\partial f_y}{\partial(\tan\psi_x)} = \dfrac{a_1 - c_1\overline{X}}{c_1\tan\psi_x + c_2\tan\psi_y + c_3} \\[4mm] \dfrac{\partial f_x}{\partial(\tan\psi_y)} = \dfrac{a_2 - c_2\overline{X}}{c_1\tan\psi_x + c_2\tan\psi_y + c_3}, & \dfrac{\partial f_y}{\partial(\tan\psi_y)} = \dfrac{a_2 - c_2\overline{X}}{c_1\tan\psi_x + c_2\tan\psi_y + c_3} \end{cases} \quad (4.18)$$

采用谱修正迭代方法[9, 10]以保证式（4.17）的稳定求解。最终，从平差结果中解求 (Ψ_x, Ψ_y)。

然而，如果按式（4.17）独立解求各探元指向角，存在两个问题：①由于每个探元需要解求沿轨、垂轨指向角，未知数多，控制点需求量大；②没有顾及畸变局部平滑性特征，易受粗差影响[11]。如图 4.5 所示，以资源三号为例，利用匹配获取的控制点独立解求各个探元的指向角，由于匹配误差的存在，解求的沿轨向指向角明显地受到误匹配影响。

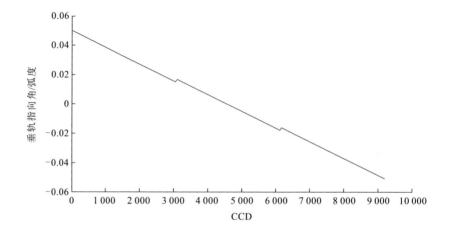

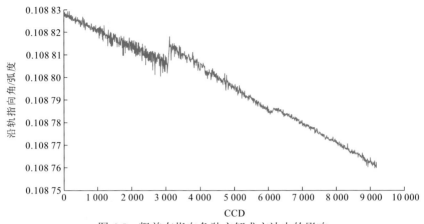

图 4.5　粗差在指向角独立解求方法中的影响

考虑主点误差、主距误差、尺寸误差、旋转误差和径向偏心畸变，指向角可表示为

$$\begin{cases} \tan\psi_x = \dfrac{x - [(\Delta x_0)_{\mathrm{ccd}\_i} + y_c \cdot x\_\mathrm{scale}_{\mathrm{ccd}\_i} + k_1 x_c r^2 + k_2 x_c r^4 + p_1(3x_c^2 + y_c^2) + 2p_2 x_c y_c]}{f - \Delta f} \\ \tan\psi_y = \dfrac{x - [(\Delta y_0)_{\mathrm{ccd}\_i} + y_c \cdot y\_\mathrm{scale}_{\mathrm{ccd}\_i} + k_1 y_c r^2 + k_2 y_c r^4 + p_2(3x_c^2 + y_c^2) + 2p_1 x_c y_c]}{f - \Delta f} \end{cases}$$

（4.19）

考虑线阵 CCD 的 x_c 近似为常数，$\tan\Psi_x$、$\tan\Psi_y$ 均可近似认为取决于影像列 s，且多项式最高次数项取为 s^5 便能充分考虑各种内方位元素误差。即

$$\begin{cases} \tan\psi_x = a_0 + a_1 s + a_2 s^2 + \cdots + a_i s^i \\ \tan\psi_y = b_0 + b_1 s + b_2 s^2 + \cdots + b_j s^j \end{cases}, \quad i,\ j \leqslant 5$$

（4.20）

同解求式（4.14）的方法，利用控制点解求每片 CCD 的系数 a_i，b_i。

4.3　试 验 验 证

4.3.1　资源三号试验验证

1. 数据来源

资源三号测绘卫星发射于 2012 年 1 月 9 日，是我国首颗民用高分辨率立体测图卫星，其主要任务是利用三线阵影像实现 1∶50000 立体测图。其载荷信息如表 4.1 所示[12]。

表 4.1　ZY-3 载荷信息

载荷信息	全色相机（前视、后视、正视）	多光谱相机
光谱范围 /μm	0.5～0.8	蓝：0.45～0.52 绿：0.52～0.59 红：0.63～0.69 近红外：0.77～0.89
地面分辨率/m	正视：2.1 前视和后视：3.5	5.8
焦距/mm	1 700	1 750
像素大小/μm	正视：24 576（8 192×3）×7 前视和后视： 16 384（4 096×4）×10	9 216（3 072×3）×20
幅宽/km	52	52

其中，ZY-3 三线阵全色相机设计为无畸变系统，且均利用多片 CCD 拼接视场扫面成像。

图 4.6 为 ZY-3 三线阵焦面图，其中红线表示相邻两片 CCD 的重叠象元。

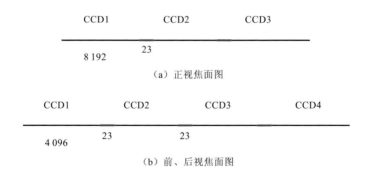

（a）正视焦面图

（b）前、后视焦面图

图 4.6　ZY-3 三线阵焦面图

以资源三号卫星影像数据为例，对本章提出的定标模型进行对比验证。收集覆盖我国河南嵩山区域、天津区域的 1∶2 000 数字正射影像及数字高程模型作为定标控制数据，如图 4.7 所示。其中，天津区域覆盖范围约为 100 km（西东）×50 km（南北），区域内地势平坦，最大高差在 30 m 以内；而河南区域覆盖范围约为 50 km（西东）×50 km（南北），区域内主要为丘陵地形，最大高差不超过

1 500 m；两个区域正射影像分辨率均优于 0.2 m，数字高程模型分辨率优于 1 m；对应的，收集覆盖河南嵩山的资源三号三线阵影像一景（代表前正后三景，成像于 2012 年 2 月 3 日）和覆盖天津区域的资源三号三线阵影像两景（分别成像于 2012 年 2 月 28 日和 2012 年 5 月 2 日）。

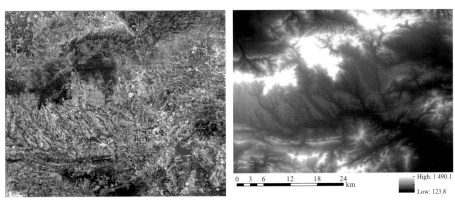

（a）河南嵩山定标场 1∶2 000 正射影像及数字高程模型

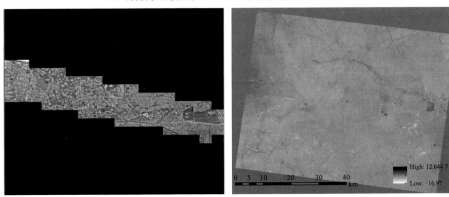

（b）天津 1∶2 000 正射影像及数字高程模型

图 4.7　定标场控制数据

同时，为了对定标精度进行验证，收集覆盖不同区域的资源三号三线阵影像，具体包括以下三个区域，如图 4.8 所示。

（1）安平区域：资源三号影像成像于 2012 年 2 月 18 日，影像内含 31 个移动靶标控制点，控制点区域范围约为 52 km×52 km，区域内地势平坦，平均高程 28 m，最大高差约为 51 m。

（2）太行山区域：资源三号影像成像于 2012 年 2 月 8 日，影像内含 392 个 GPS 控制点，控制点区域范围约为 82 km（西东）×550 km（南北），该区域以山地为主，最小、最大高程分别为 64 m 和 2 705 m。

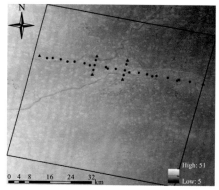

（a）安平区域

（b）肇东区域

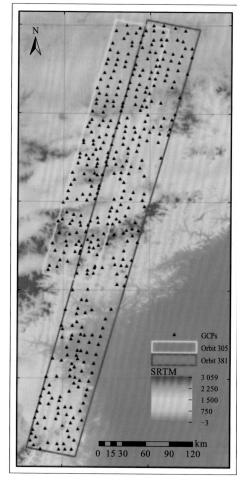

（c）太行山区域

图 4.8 验证数据

（3）肇东区域：资源三号影像成像于 2012 年 9 月 18 日，影像内含 13 个移动靶标控制点，控制点区域范围约为 52 km×52 km，区域内地势平坦，平均高程 168 m，最大高差仅为 8 m。

安平区域、肇东区域控制点物方坐标采用 GPS 测量获取，测量精度在 0.03～0.05 m；而像素坐标基于高精度像点定位算法提取，提取精度约 0.05～0.15 个像素[13]。太行山区域控制点像素坐标由人工选取，选点精度约 0.3 个像素，而控制点物方坐标同样采用 GPS 测量获取，精度约 0.1 m。

2. 几何定标

采用河南区域三线阵一景、天津区域三线阵两景构建联合定标模型，利用高精度匹配算法[14]河南区域、天津区域正射影像中获取控制点，分别为前、后、正视影像获取控制点 42 198 个、35 186 个、33 208 个，所有控制点在定标时段影像上均匀、密集分布；定标平差过程中解求三景影像的常量偏置矩阵，而仅解求同一套内方位元素模型参数。

表 4.2 中以河南景正视影像为例，对比了偏置矩阵解求前后的几何定位精度。其中，A 代表利用卫星发射前实验室测量的相机安装等参数直接定位的精度，而 B 代表解求常量偏置矩阵后的定位精度。由表 4.2 中结果可知，由于卫星发射过程中的受力等因素影响，相机安装在轨后发生改变，直接定位精度接近 1 km；而偏置矩阵能够很好地吸收相机安装等外方位元素误差，定位精度提升至 2 个像素左右（约 2.1 m×2=4.2 m）。但是，常量偏置矩阵并未能彻底消除该景外方位元素误差；图 4.9 中给出了前、后、正视影像的定位残差图，其中（a）、（c）、（e）代表解求常量偏置后的定位残差，而（b）、（d）、（f）代表解求顾及误差时间特性的偏置矩阵后的定位残差。显然，（a）、（c）、（e）上均可看到残差随时间的变化趋势。因此，需采用顾及误差时间特性的偏置矩阵作为资源三号外定标模型。

表 4.2　常量偏置矩阵解求前后精度对比

区域		沿轨/像素			垂轨/像素		
		Max	Min	RMS	Max	Min	RMS
河南	A	171.02	83.21	128.33	451.71	445.16	447.74
	B	0.52	0.00	0.18	3.44	0.00	1.68

对如下内方位元素模型进行了对比。

（1）畸变模型 A-1：考虑线阵平移误差，探元尺寸误差（每片 CCD 独立考虑）、CCD 旋转误差。

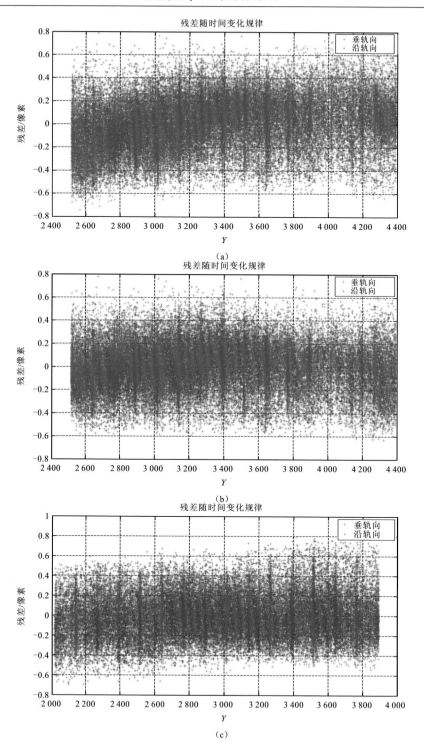

（a）

（b）

（c）

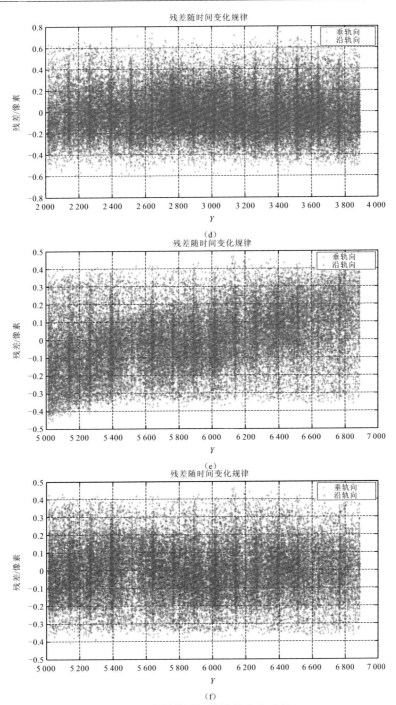

图 4.9 常量偏置矩阵补偿定位残差

前视相机（a，b），后视相机（c，d），正视相机（e，f）；红色代表垂轨，蓝色代表沿轨

（2）畸变模型 A-2：考虑线阵平移误差、探元尺寸误差（所有 CCD 参数相同）、CCD 旋转误差。

（3）畸变模型 A-3：考虑线阵平移误差、主距误差、CCD 旋转误差。

（4）畸变模型 A-4：考虑线阵平移误差、探元尺寸误差（每片 CCD 独立考虑）、CCD 旋转误差、径向畸变 k_1、偏心畸变 p_1。

（5）畸变模型 A-5：考虑线阵平移误差、探元尺寸误差（每片 CCD 独立考虑）、CCD 旋转误差、径向畸变 k_1、k_2，偏心畸变 p_1、p_2。

（6）指向角模型 B-m-n，其中 m 代表沿轨向多项式次数，n 代表垂轨向多项式次数。

表 4.3～表 4.5 仍以河南景为例给出内方位元素定标后的几何定位精度。对比表 4.4 与表 4.1 可知，资源三号正视相机内方位元素误差主要引起垂轨向定位误差，量级约为 1.7 个像素；经过内方位元素定标后垂轨向定位残差降低到 0.1 个像素左右，验证了内方位元素定标对定位精度的提升；对比表 4.3～表 4.5 中不同内定标模型精度，得出三点结论。①畸变模型 A-2 与畸变模型 A-3 精度一致，验证了探元尺寸误差与主距误差在垂轨向对几何定位影响相同。因此，两者需要做合并处理。②在畸变模型中，考虑径向畸变、偏心畸变后的定位精度提升并不显著，说明资源三号三线阵载荷镜头畸变小，验证了其无畸变光学系统设计[15]。③指向角模型能得到与畸变模型一致甚至略高的精度，验证了指向角模型是对物理意义明确的畸变模型的综合表示。

表 4.3　前视相机不同内定标模型精度对比　　　　　　（单位：像素）

模型	行			列			平面
	Max	Min	RMS	Max	Min	RMS	
A-1	0.795 995	0.000 018	0.212 087	0.575 935	0.000 000	0.181 033	0.278 844
A-2	0.796 004	0.000 014	0.212 087	0.608 708	0.000 008	0.181 773	0.279 325
A-3	0.796 005	0.000 016	0.212 087	0.608 582	0.000 000	0.181 773	0.279 325
A-4	0.788 568	0.000 001	0.211 921	0.575 963	0.000 012	0.181 008	0.278 701
A-5	0.788 580	0.000 005	0.211 921	0.575 804	0.000 008	0.180 992	0.278 691
B-2-3	0.788 692	0.000 005	0.211 853	0.588 154	0.000 000	0.180 713	0.278 458
B-3-3	0.782 499	0.000 010	0.211 739	0.589 259	0.000 005	0.180 710	0.278 369
B-4-4	0.781 748	0.000 001	0.211 641	0.587 745	0.000 020	0.180 698	0.278 287
B-5-5	0.781 048	0.000 021	0.211 610	0.600 327	0.000 021	0.180 651	0.278 232

表 4.4　后视相机不同内定标模型精度对比　　　　（单位：像素）

模型	行			列			平面
	Max	Min	RMS	Max	Min	RMS	
A-1	0.712 682	0.000 007	0.232 021	0.480 051	0.000 005	0.172 352	0.289 031
A-2	0.712 691	0.000 018	0.232 021	0.526 992	0.000 009	0.175 408	0.290 864
A-3	0.712 684	0.000 023	0.232 021	0.526 862	0.000 002	0.175 408	0.290 864
A-4	0.728 782	0.000 002	0.231 585	0.480 390	0.000 002	0.172 326	0.288 666
A-5	0.728 765	0.000 002	0.231 585	0.485 946	0.000 001	0.172 189	0.288 584
B-1-2	0.746 038	0.000 012	0.231 331	0.581 907	0.000 001	0.176 987	0.291 270
B-3-3	0.754 913	0.000 008	0.230 716	0.492 121	0.000 012	0.171 698	0.287 593
B-4-4	0.753 682	0.000 002	0.230 542	0.502 816	0.000 000	0.171 561	0.287 372
B-5-5	0.757 305	0.000 011	0.230 398	0.501 926	0.000 004	0.171 501	0.287 221

表 4.5　正视相机不同内定标模型精度对比　　　　（单位：像素）

模型	行			列			平面
	Max	Min	RMS	Max	Min	RMS	
A-1	0.431 801	0.000 004	0.174 261	0.236 696	0.000 018	0.109 278	0.205 69
A-2	0.431 797	0.000 005	0.174 261	0.259 808	0.000 009	0.110 098	0.206 127
A-3	0.431 789	0.000 005	0.174 261	0.259 766	0.000 006	0.110 098	0.206 127
A-4	0.432 580	0.000 010	0.174 244	0.249 435	0.000 010	0.109 043	0.205 551
A-5	0.432 580	0.000 012	0.174 244	0.259 945	0.000 004	0.108 824	0.205 436
B-2-3	0.437 082	0.000 006	0.174 205	0.264 448	0.000 007	0.108 715	0.205 344
B-3-3	0.462 450	0.000 011	0.173 597	0.262 586	0.000 004	0.108 530	0.204 730
B-4-4	0.487 824	0.000 000	0.173 520	0.254 765	0.000 000	0.108 446	0.204 620
B-5-5	0.463 421	0.000 012	0.173 440	0.260 493	0.000 008	0.108 273	0.204 461

由于卫星在轨后的不可量测性，难以对定标模型的精度做出客观真实的评价。而定标参数的普适性是几何定标的核心问题，因此可以采用定标景获取的参数对其他区域影像的补偿效果来客观评价几何定标模型。因此，采用安平区域31个高精度靶标控制点进一步对内定标模型进行对比。试验中，基于河南景不同内定标模型获取的内方位元素，采用6个控制点求取安平影像的偏置矩阵（简称外定向），用其余控制点对偏置矩阵补偿后的定位精度进行评估。

表4.6～表4.8中Lab代表利用实验室测量内方位元素的外定向精度；由于偏置矩阵主要消除姿轨等外方位元素系统误差，而无法补偿高阶内方位元素误差，因此，表4.6～表4.8所示精度主要取决于内方位元素精度。可以看到，资源三号各相机实验室测量内方位元素精度在1～2个像素，且误差主要在垂轨方向，这可能是由于主距误差或是探元尺寸误差引起的；表中指向角模型精度普遍略高于畸变模型精度，其中，B-3-3模型下前、正视相机精度最高，B-1-2模型下后视相机精度最高，以此作为资源三号的内定标模型。最终，利用该模型下获取的内方位元素，安平景外定向精度与控制精度相当，侧面验证了内定标参数的精度。

表4.6　安平前视影像外定向精度对比　　　　（单位：像素）

模型	行			列			平面
	Max	Min	RMS	Max	Min	RMS	
Lab*	0.353 439	0.007 510	0.122 377	3.835 416	0.039 270	1.880 943	1.884 920
A-1	0.336 781	0.000 265	0.100 243	0.101 629	0.006 478	0.046 205	0.110 379
A-2	0.299 178	0.009 877	0.116 275	0.108 516	0.001 470	0.053 543	0.128 011
A-3	0.299 180	0.009 878	0.116 274	0.108 316	0.001 469	0.053 555	0.128 015
A-4	0.304 844	0.008 402	0.117 485	0.105 918	0.005 668	0.047 254	0.126 632
A-5	0.304 829	0.008 426	0.117 480	0.104 457	0.002 897	0.047 377	0.126 673
B-2-3	0.332 617	0.002 136	0.102 368	0.104 479	0.005 860	0.042 414	0.110 807
B-3-3	**0.337 588**	**0.003 321**	**0.101 660**	**0.105 394**	**0.004 871**	**0.042 649**	**0.110 244**
B-4-4	0.311 541	0.005 742	0.113 613	0.104 642	0.001 369	0.044 240	0.121 923
B-5-5	0.313 429	0.005 399	0.112 343	0.105 089	0.000 062	0.043 312	0.120 403

表 4.7　安平后视影像外定向精度对比　　　　　（单位：像素）

模型	行			列			平面
	Max	Min	RMS	Max	Min	RMS	
Lab*	0.378 203	0.024 522	0.209 462	2.458 329	0.017 513	1.141 103	1.160 169
A-1	0.230 257	0.000 888	0.089 374	0.138 781	0.001 896	0.072 421	0.115 032
A-2	0.256 102	0.000 595	0.093 312	0.186 844	0.005 660	0.086 504	0.127 240
A-3	0.256 094	0.000 596	0.093 316	0.186 885	0.005 625	0.086 580	0.127 295
A-4	0.240 007	0.019 997	0.087 370	0.139 002	0.001 601	0.072 397	0.113 468
A-5	0.270 315	0.003 996	0.091 668	0.172 261	0.000 658	0.080 493	0.121 992
B-1-2	**0.248 327**	**0.002 412**	**0.089 024**	**0.116 723**	**0.002 219**	**0.068 041**	**0.112 049**
B-3-3	0.247 741	0.024 116	0.115 343	0.134 441	0.014 072	0.071 312	0.135 608
B-4-4	0.251 262	0.023 032	0.111 300	0.142 878	0.001 324	0.077 804	0.135 798
B-5-5	0.247 931	0.017 632	0.111 491	0.155 303	0.000 800	0.077 432	0.135 743

表 4.8　安平正视影像外定向精度对比　　　　　（单位：像素）

模型	行			列			平面精度
	Max	Min	RMS	Max	Min	RMS	
Lab*	0.171 025	0.002 640	0.075 468	3.808 735	0.034 776	1.804 843	1.806 420
A-1	0.160 695	0.017 426	0.082 165	0.438 153	0.003 891	0.167 411	0.186 488
A-2	0.195 115	0.006 152	0.105 087	0.426 213	0.022 162	0.164 842	0.195 490
A-3	0.195 119	0.006 156	0.105 088	0.426 228	0.022 170	0.164 842	0.195 489
A-4	0.162 736	0.007 964	0.080 553	0.430 629	0.002 569	0.168 293	0.186 578
A-5	0.191 281	0.003 419	0.103 296	0.395 741	0.001 607	0.163 885	0.193 722
B-2-3	0.186 411	0.002 006	0.101 593	0.382 571	0.002 708	0.165 273	0.194 000
B-3-3	**0.160 515**	**0.007 645**	**0.079 564**	**0.431 925**	**0.007 480**	**0.162 289**	**0.180 743**
B-4-4	0.199 097	0.006 725	0.107 306	0.387 225	0.000 915	0.161 853	0.194 193
B-5-5	0.203 124	0.010 378	0.106 705	0.393 467	0.003 895	0.161 397	0.193 481

3. 定标精度验证

利用河南景、天津景联合定标获取的参数，生产了资源三号安平区域、太行山区域、肇东区域的传感器校正产品[16, 17]，基于产品中的有理多项式系数（RPC）进行立体平差，其中定向模型采用像方仿射模型[18-20]：

$$\begin{cases} x + a_0 + a_1 x + a_2 y = \text{RPC}_x(\text{lat}, \text{lon}, h) \\ y + b_0 + b_1 x + b_2 y = \text{RPC}_y(\text{lat}, \text{lon}, h) \end{cases} \tag{4.21}$$

资源三号卫星设计的基高比约为 0.87，安平及肇东区域控制点像方精度在 0.05～0.15 个像素，根据高程精度与基高比的关系，两个区域的理论高程精度在 0.30～0.85 m；由表 4.9、表 4.10 可看到，安平、肇东区域利用 6 个控制点定向后的平面、高程精度分别优于 0.2 m 和 0.6 m，接近理论精度；而对于太行山区域，由于其控制点精度低于安平和肇东区域，且区域内地形复杂，最终利用少量控制点（9/392）定向后的平面、高程精度分别优于 3 m 和 2 m；随着控制点数量的大幅增加，其定向精度提升并不显著，说明影像内部精度高。

表 4.9　前/后两视立体平差精度　　　　　　　　　（单位：m）

区域	控制点数	定向			控制点		检查点	
		x	y	xy	平面	高程	平面	高程
安平	0	0.03	0.00	0.03	—	—	14.54	8.03
	6	0.04	0.02	0.04	0.13	0.26	0.15	0.53
	31	0.04	0.06	0.07	0.14	0.42	—	—
肇东	0	0.02	0.00	0.02	—	—	8.36	3.80
	4	0.03	0.02	0.03	0.10	0.24	0.15	0.50
	13	0.04	0.05	0.06	0.13	0.36	0.04	0.05
太行山	0	0.22	0.10	0.24	—	—	6.21	5.56
	9	0.36	0.19	0.41	1.46	0.34	2.91	1.69
	392	0.59	0.54	0.80	2.51	1.40	—	—

表 4.10　前/正/后三视立体平差精度　　　　　　（单位：m）

区域	控制点数	定向			控制点		检查点	
		x	y	xy	平面	高程	平面	高程
安平	0	0.05	0.02	0.06	—	—	12.22	8.03
	6	0.07	0.03	0.07	0.17	0.27	0.19	0.52
	31	0.083	0.051	0.097	0.175	0.417	—	—
肇东	0	0.05	0.02	0.05	—	—	5.04	3.82
	4	0.06	0.03	0.07	0.18	0.24	0.19	0.49
	13	0.07	0.05	0.09	0.17	0.35	—	—
太行山	0	0.27	0.23	0.36	—	—	6.25	5.45
	9	0.43	0.31	0.53	1.36	0.39	2.60	1.69
	392	0.66	0.64	0.92	2.25	1.40	—	—

　　Wang 等[21]利用本章获取的资源三号定标参数生产了咸宁等 10 个区域的传感器校正产品，利用 GPS 控制点对其立体平差精度进行了验证，结果如表 4.11 所示。

表 4.11　资源三号传感器校正产品立体平差精度验证　　　　　　（单位：m）

轨道	区域	南北/m	西东/m	平面/m	高程/m	GCP/CP
2479	咸宁	6.169	7.896	10.020	4.250	0/23
		0.376	0.429	0.571	1.219	4/19
351	兰州	6.066	1.699	6.299	5.021	0/8
		2.258	1.861	2.926	2.078	4/4
350	Venezuela	3.823	6.042	7.150	3.710	0/8
		1.599	1.987	2.551	1.063	4/4
1749	齐齐哈尔	5.574	8.587	10.238	5.192	0/21
		2.595	2.512	3.612	1.343	4/12
4364	齐齐哈尔	10.716	3.675	11.329	2.720	0/35
		2.669	2.780	3.854	2.303	4/31
305，381，457	太行山	3.884	4.063	5.621	6.585	0/645
		1.882	1.839	2.631	2.364	11/634

续表

轨道	区域	南北/m	西东/m	平面/m	高程/m	GCP/CP
381	登封	9.838	2.271	10.097	1.883	0/36
		1.583	2.059	2.597	1.583	4/32
609	安平	7.201	13.290	15.115	8.297	0/474
		1.291	1.110	1.703	1.494	4/470
3064 4699 4858	渭南	5.301	5.198	7.425	8.657	0/63
		3.133	3.328	4.570	3.761	9/54
5033	连云港	10.157	1.916	10.336	6.517	0/18
		2.705	3.040	4.070	2.791	4/14
平面				9.4	5.0	
高程				2.9	2.0	

从表 4.11 可看到,采用本章方法完成定标后,资源三号无控制平面精度优于 10 m,高程精度优于 5 m;少控制条件下平面精度优于 3 m,高程优于 2 m;说明本章定标参数的精度较高。

4.3.2 YG14 试验验证

1. 数据来源

根据上述基于定标场的几何定标模型,针对某高分卫星,进行几何定标。影像覆盖范围内平均高程 1261.500 m,最大高差 609.500 m。图 4.10 所示为太原区域控制数据,图 4.11 所示为卫星数据缩略图。

2. 几何定标

利用重投影技术,将高分辨率的 DOM 影像重投影到卫星载荷焦面,消除成像角、中心投影、地形起伏等引起的复杂变形。重投影后的 DOM 影像与真实卫星影像几何关系非常相近,进而保障了匹配精度。

采用高精度配准算法从 DOM/DEM 上提取控制点总计 12560 个,控制点分布均匀,如图 4.12 所示。

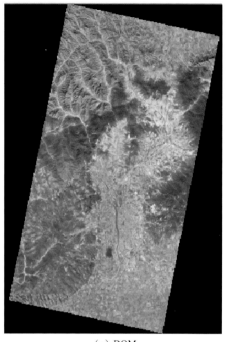
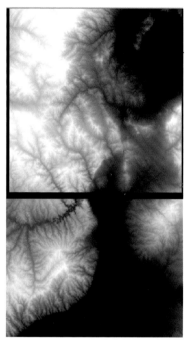

（a）DOM　　　　　　　　　　　　（b）DEM

图 4.10　太原区域控制数据

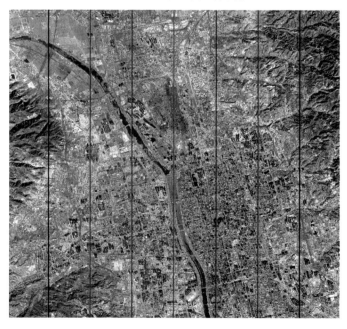

图 4.11　卫星数据缩略图

图 4.12　整张影像 CCD 控制分布

定标精度如表 4.12 所示。

表 4.12　几何定位精度对比　　　　　　　　（单位：像素）

项目	沿轨			垂轨			平面
	Max	Min	RMS	Max	Min	RMS	
直接定位	98.851	6.549	23.106	2 537.779	1 764.089	2 148.028	2 149.375
偏置矩阵	44.241	0.001	18.626	419.150	0.001	168.573	169.599
指向角模型	1.622	0.000	0.394	0.864	0.000	0.293	0.491

表 4.12 中，对比"直接定位"与"偏置矩阵"的精度可以发现，利用控制点求解偏置矩阵后的定位精度提升了 1 980 个像素左右，但平面定位精度仍在 169 个像素左右；这部分定位误差由内方位元素误差引起，无法被偏置矩阵消除。图 4.13 为"直接定位"残差图，图 4.14 为"偏置矩阵"定位残差图，横轴代表影像列（也即探元编号），纵轴代表定位残差；该定位残差由内方位元素误差引起。

经过内方位元素定标后，平面精度提升到 0.5 个像素左右。如图 4.15 所示，内定标后定位残差以 x 为轴对称分布，符合随机性规律，不存在残留系统性误差。

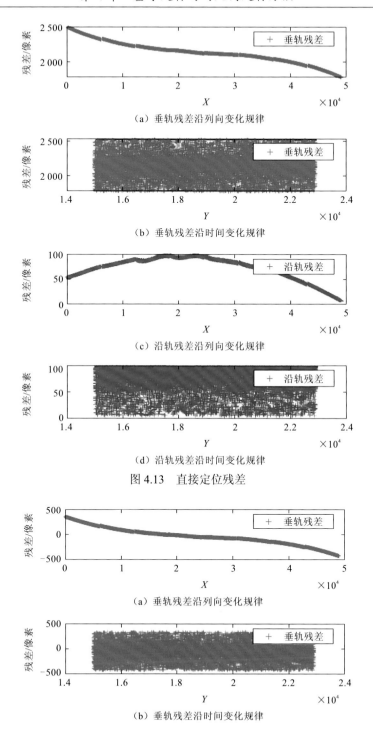

（a）垂轨残差沿列向变化规律

（b）垂轨残差沿时间变化规律

（c）沿轨残差沿列向变化规律

（d）沿轨残差沿时间变化规律

图 4.13　直接定位残差

（a）垂轨残差沿列向变化规律

（b）垂轨残差沿时间变化规律

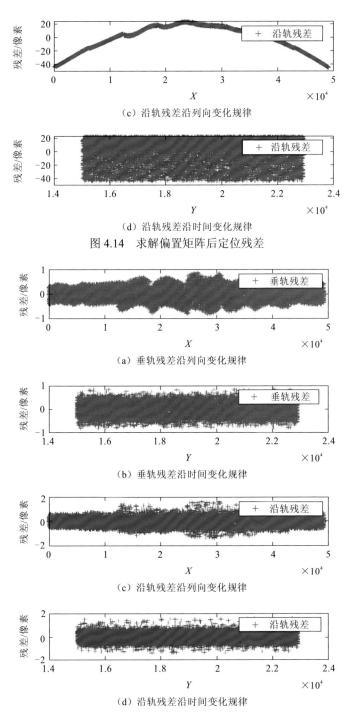

（c）沿轨残差沿列向变化规律

（d）沿轨残差沿时间变化规律

图 4.14　求解偏置矩阵后定位残差

（a）垂轨残差沿列向变化规律

（b）垂轨残差沿时间变化规律

（c）沿轨残差沿列向变化规律

（d）沿轨残差沿时间变化规律

图 4.15　内方位元素定标后定位残差

3. 定标精度验证

分别选取成像于 2017 年 12 月 27 日、2018 年 2 月 12 日两景数据进行验证，采用自动匹配算法，获取该影像与控制区域 DOM 匹配的控制点，控制点分布均匀。

成像于 2017 年 12 月 27 日景验证精度如表 4.13 所示。

表 4.13　2017 年 12 月 27 日景验证精度　（单位：像素）

项目	垂轨			沿轨			平面
	Max	Min	RMS	Max	Min	RMS	
直接定位	2 550.15	1 776.39	2 194.53	100.03	6.40	74.93	2 195.81
补偿无控	13.62	12.06	12.83	3.39	0.00	1.54	12.92
直接带控	419.36	0.00	190.60	44.93	0.01	20.37	191.69
补偿带控	0.68	0.00	0.27	1.63	0.000	0.37	0.46

成像于 2018 年 2 月 12 日景验证精度如表 4.14 所示。

表 4.14　2018 年 2 月 12 日验证精度　（单位：像素）

项目	垂轨			沿轨			平面
	Max	Min	RMS	Max	Min	RMS	
直接定位	2 544.83	1 771.07	2 173.49	95.36	3.38	70.275	2 174.63
补偿无控	8.16	6.83	7.55	4.64	0.82	2.848	8.07
直接带控	419.60	0.01	187.16	44.39	0.02	19.459	188.17
补偿带控	0.69	0.00	0.26	1.88	0.00	0.40	0.48

表 4.14 中，"直接"是指利用实验室测量的参数；"补偿"是指利用定标景的定标参数。对比"直接定位"和"补偿无控"，图 4.16 和图 4.17 为两景影像所对应的残差图。利用定标景的定标参数进行补偿后，无控定位精度有较大幅度的提升，说明定标参数能够消除载荷安装等系统误差；对比"直接带控"和"补偿带控"精度，定标参数很好地消除了相机畸变等内方位元素误差，带控定向精度从约 190 个像素提升到 0.5 个像素内，说明定标参数精度较高。

89

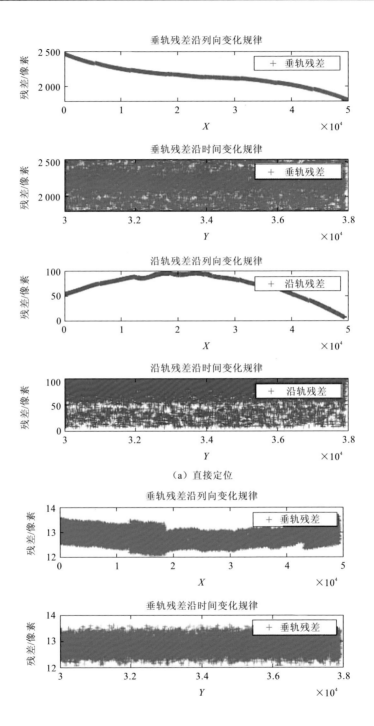

（a）直接定位

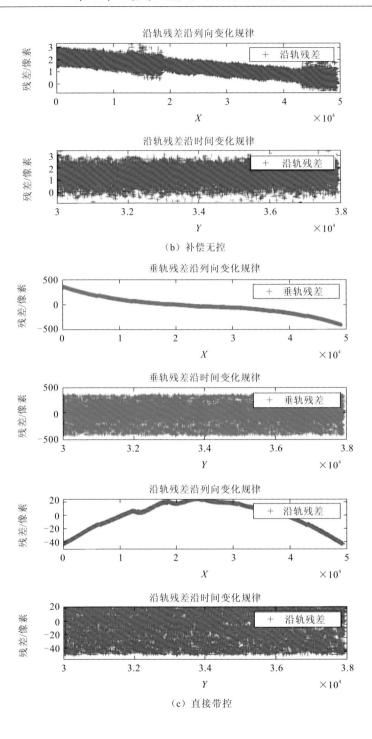

（b）补偿无控

（c）直接带控

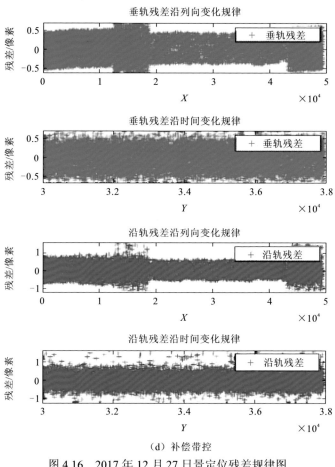

（d）补偿带控

图 4.16 2017 年 12 月 27 日景定位残差规律图

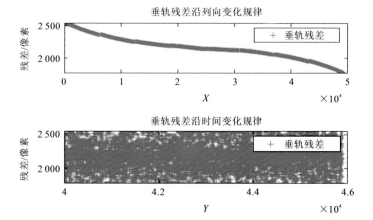

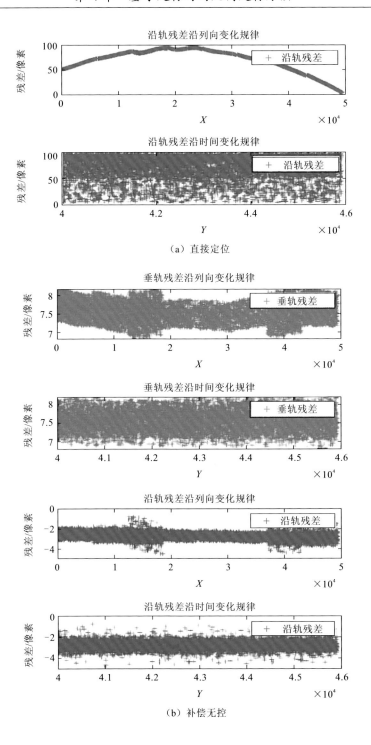

（a）直接定位

（b）补偿无控

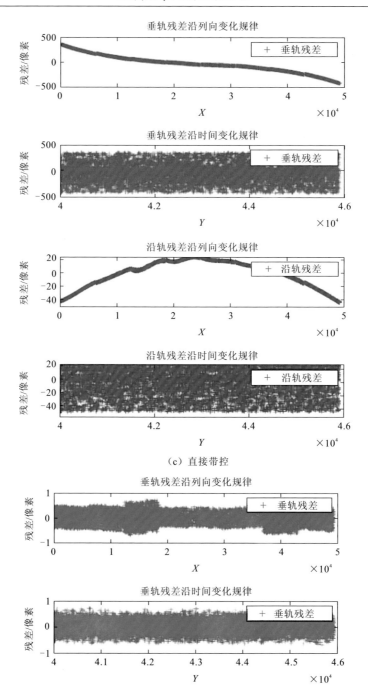

（c）直接带控

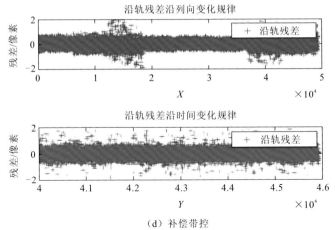

（d）补偿带控

图 4.17　2018 年 2 月 12 日景定位残差规律图

4.3.3　珠海一号高光谱试验验证

1. 数据来源

2018 年 4 月 26 日，"珠海一号"微纳卫星星座的第二批卫星成功发射，该批卫星包括 4 颗高光谱卫星（OHS-A，OHS-B，OHS-C，OHS-D）和 1 颗视频卫星（OVS-2A），具备强大的高光谱数据获取能力，在中国首次实现了多颗高光谱卫星组网[22]。其中，4 颗高光谱卫星的硬件配置、运行状态相同，每颗卫星上搭载的相机由 3 片 CMOS 传感器拼接而成，在焦面上的具体拼接如图 4.18 所示。

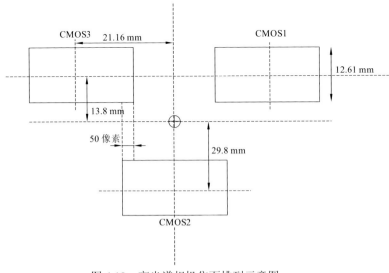

图 4.18　高光谱相机焦面排列示意图

图 4.19 所示为各片 CMOS 传感器的谱段构成。各片 CMOS 包含 5 056×2 968 个像元，成像光谱范围为 400～1 000 nm。各 CMOS 传感器通过滤光片将 400～1 000 nm 的光谱平均分为 32 个谱段，每个谱段在传感器上≤2 968/32＝92 行，仅使用 8 行进行 8 级积分成像。高光谱卫星相机可以获取 10 m 分辨率、150 km 幅宽、32 个谱段的影像，单次开机连续推扫工作时间不小于 2 min，一轨工作时间不大于 8 min，具备 5 d 左右覆盖全球的观测能力。

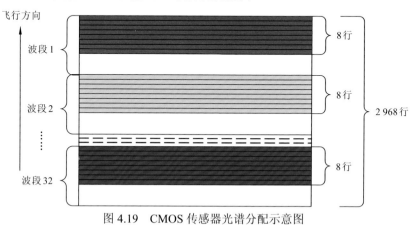

图 4.19　CMOS 传感器光谱分配示意图

高光谱卫星平台上搭载了 GNSS 接收机（支持 GPS 和北斗）用于测量并下传卫星位置和速度；同时，平台上搭载了 3 台星敏感器和 2 套三轴光纤陀螺，在卫星成像阶段星上采用双星敏进行姿态确定，并最终将星敏、陀螺卡尔曼滤波后的惯性系姿态四元数下传至地面。星上 GNSS 和姿态数据的下传频率均为 1 Hz。4 颗高光谱卫星的主要参数如表 4.15 所示。

表 4.15　珠海一号卫星参数

项目	参数	值
卫星平台	卫星总质量/kg	67
	轨道高度/km	500
	轨道倾角/(°)	98
	重复周期/d	5
	GPS 定位精度/m	15
	姿态精度	15″（3σ）
	姿态可旋转度	±45°/80 s
	姿态稳定性	0.002°/s（1σ）

续表

项目	参数	值
卫星幅宽	探元尺寸/μm	4.4
	视场/(°)	20.5
	光谱范围/nm	400～1 000
	量化级/bit	≥ 12
	谱段数	32
	SNR/dB	≥300
	地面采样间隔/m	10
	地面扫描幅宽/km	150

　　针对 OHS 几何定标，收集 2018 年 9 月 28 日成像的湖北区域 OHS 影像（编号：2018-09-28-OHS-Hubei），影像总大小为 15 168（5 056×3）×8 147 像素，详细信息如表 4.16 所示；定标控制数据采用湖北区域的 DOM 和 DEM 数据，其中湖北区域 DOM 分辨率约 2 m，平面精度优于 4 m，DEM 分辨率约 15 m，高程精度优于 5 m。该区域平均高程约 264 m，最大高差约 556 m。定标影像及控制数据缩略图如图 4.20 所示。

表 4.16　用于实验的影像信息

	ID	成像角			成像时间	波段
		滚动角	俯仰角	偏航角		
几何定标	2018-09-28-OHS-Hubei	−1.09°	0.00°	3.18°	2018-09-28	1～32
波段配准精度	2018-9-12-OHS-Beijing	−5.26°	0.00°	2.81°	2018-09-12	1～32
	2018-8-5-OHS-Tianjing	−11.85°	0.00°	2.72°	2018-08-05	1～32
	2018-10-10-OHS-Shandong	−1.26°	0.00°	2.95°	2018-10-10	1～32
内定向精度评定	2019-01-13-OHS-Neimeng	11.84°	0.00°	2.72°	2019-01-13	15
	2019-01-17-OHS-Henan	2.94°	0.00°	3.00°	2019-01-17	15
	2019-01-24-OHS-Hebei	−0.50°	0.01°	2.90°	2019-01-24	15

续表

| ID | 成像角 | | | 成像时间 | 波段 |
	滚动角	俯仰角	偏航角		
2018-08-12-OHS-Shanxi	8.64°	0.00°	2.93°	2018-08-12	15
2018-11-21-OHS- Shanxi	−8.69°	0.00°	2.78°	2018-11-21	15
2018-09-07-OHS- Shanxi	3.52°	0.00°	2.79°	2018-09-07	15
2018-11-19-OHS- Shanxi	9.82°	0.00°	2.65°	2018-11-19	15

区域网平差 (ID 列左侧)

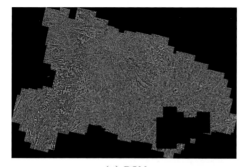 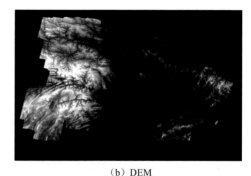

（a）DOM （b）DEM

（c）2018-09-28-OHS-D-Hubei

图 4.20　湖北区域几何定标影像及控制数据

为充分验证 OHS 几何定标后的基础产品精度,对产品的谱段配准、单景定向、区域平差精度进行了评估。针对谱段配准精度评估,收集 2018 年 9 月 12 日、2018 年 8 月 5 日、2018 年 10 月 10 日分别成像于北京、天津、山东区域的三景影像;针对单景定向精度评估,收集 2019 年 1 月 13 日、2019 年 1 月 17 日、2019 年 1 月 24 日分别成像于内蒙、河南、河北区域的三景影像,验证的控制数据采用对应区域的 DOM 和 DEM,其中 DOM 分辨率约 2 m,平面精度 5 m,DEM 分辨率约 15 m,高程精度 3 m,三景实验数据及控制数据缩略图如图 4.21 至图 4.23 所示;

针对区域平差精度评估，收集了覆盖山西的 4 轨 221 景基础产品影像（分别成像于 2018 年 8 月 12 日、2018 年 11 月 21 日、2018 年 9 月 7 日、2018 年 11 月 19 日）。定标及验证数据的详细信息如表 4.16 所示。

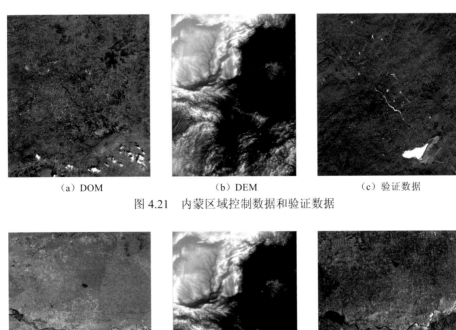

（a）DOM　　　　　　　（b）DEM　　　　　　（c）验证数据

图 4.21　内蒙区域控制数据和验证数据

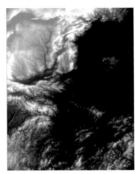

（a）DOM　　　　　　　（b）DEM　　　　　　（c）验证数据

图 4.22　河南区域控制数据和验证数据

（a）DOM　　　　　　　（b）DEM　　　　　　（c）验证数据

图 4.23　河北区域控制数据和验证数据

2. 几何定标

选取第 15 谱段为参考谱段，利用自动匹配算法[15]对 2018-09-28-OHS-Hubei 影像和湖北 DOM 影像进行匹配。为了降低姿轨测量随机误差对几何定标的影响，仅在 2018-09-28-OHS-Hubei 影像的 4 000～6 000 行范围内匹配控制点 2 102 个用于几何定标，分布如图 4.24 所示。

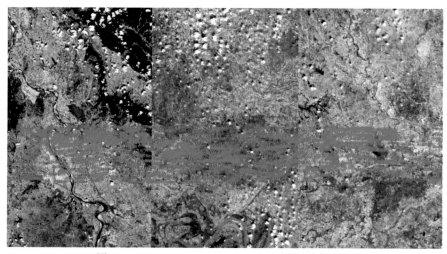

图 4.24　HDM1_20180928204226 影像控制点分布

由于偏置矩阵主要消除的是卫星姿态、轨道测量系统误差，相机安装系统误差，其无法消除内方位元素误差，求解偏置矩阵后的定位误差主要体现了内方位元素误差（相机畸变等）；由表 4.17 和图 4.25（a）所示，由于卫星在轨调焦、波段重构等操作，星上真实相机参数相较发射前的实验室测量参数变化较大，求解偏置矩阵后的定位误差仍在 36 个像素左右（约合 360 m）；进一步求解相机畸变参数后，定位精度从 36 个像素提升至 0.5 个像素左右（约合 5 m），基本与控制精度相当，如图 4.26 所示。

表 4.17　B15 谱段定标精度评估　　　　　　　　（单位：像素）

项目	列			行			平面
	Max	Min	RMS	Max	Min	RMS	
a	37.34	6.12	19.44	59.10	12.67	30.79	36.42
b	1.34	0.00	0.38	1.22	0.00	0.32	0.50

*a 表示仅求解偏置矩阵的定位残差，b 表示在 a 基础上求解相机畸变后的定位残差

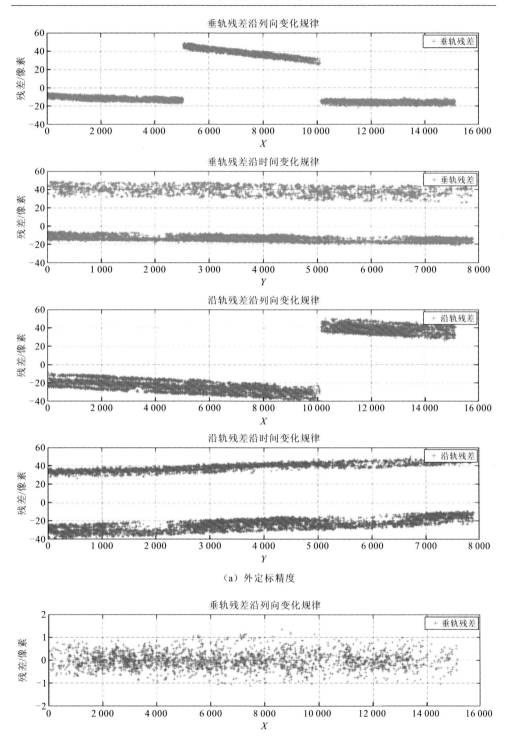

（a）外定标精度

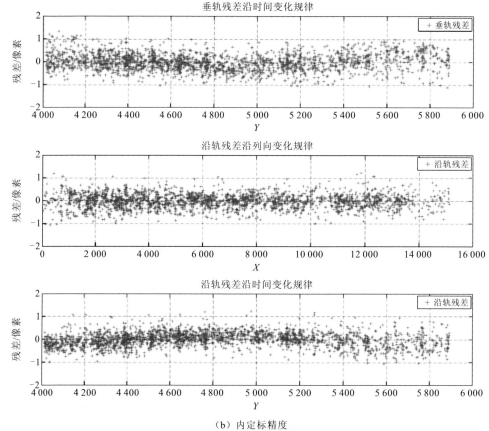

（b）内定标精度

图 4.25　2018-09-28-OHS-Hubei 影像定标残差图

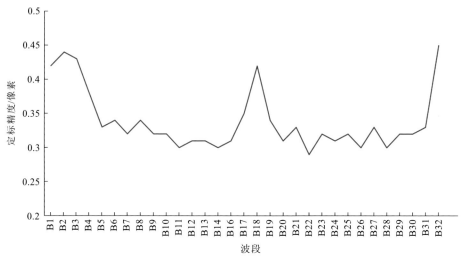

图 4.26　其他谱段定标精度

以定标后的 15 谱段作为起推谱段对其余 31 谱段进行几何定标，定标结果如表 4.18 所示。可见，各谱段定标精度在 0.3～0.4 个像素。

表 **4.18** 其他光谱定标精度评价　　　　　　（单位：像素）

波段	行			列			平面
	Max	Min	RMS	Max	Min	RMS	
B1	0.70	0.00	0.28	0.86	0.00	0.31	0.42
B2	0.76	0.00	0.28	1.02	0.00	0.34	0.44
B3	0.74	0.00	0.27	1.11	0.00	0.33	0.43
B4	0.66	0.00	0.25	0.88	0.00	0.29	0.38
B5	0.57	0.00	0.22	0.82	0.00	0.25	0.33
B6	0.60	0.00	0.22	0.79	0.00	0.26	0.34
B7	0.56	0.00	0.21	0.83	0.00	0.25	0.32
B8	0.60	0.00	0.21	1.04	0.00	0.26	0.34
B9	0.56	0.00	0.21	0.94	0.00	0.24	0.32
B10	0.61	0.00	0.21	1.02	0.00	0.25	0.32
B11	0.58	0.00	0.19	0.94	0.00	0.23	0.30
B12	0.60	0.00	0.20	1.04	0.00	0.24	0.31
B13	0.63	0.00	0.20	1.00	0.00	0.24	0.31
B14	0.61	0.00	0.19	1.02	0.00	0.23	0.30
B16	0.57	0.00	0.19	1.01	0.00	0.24	0.31
B17	0.62	0.00	0.21	1.29	0.00	0.28	0.35
B18	0.58	0.00	0.22	1.46	0.00	0.35	0.42
B19	0.64	0.00	0.22	1.01	0.00	0.26	0.34
B20	0.63	0.00	0.21	0.96	0.00	0.24	0.31
B21	0.69	0.00	0.21	1.10	0.00	0.25	0.33

续表

波段	行			列			平面
	Max	Min	RMS	Max	Min	RMS	
B22	0.60	0.00	0.19	0.91	0.00	0.22	0.29
B23	0.68	0.00	0.21	1.07	0.00	0.25	0.32
B24	0.64	0.00	0.20	1.01	0.00	0.24	0.31
B25	0.65	0.00	0.21	1.08	0.00	0.25	0.32
B26	0.61	0.00	0.20	0.99	0.00	0.23	0.30
B27	0.71	0.00	0.21	1.19	0.00	0.26	0.33
B28	0.62	0.00	0.20	0.96	0.00	0.23	0.30
B29	0.64	0.00	0.21	1.10	0.00	0.25	0.32
B30	0.62	0.00	0.21	1.02	0.00	0.24	0.32
B31	0.63	0.00	0.21	1.13	0.00	0.25	0.33
B32	0.76	0.00	0.30	1.15	0.00	0.33	0.45

3. 谱段配准精度

分别采用 2018-9-12-OHS-Beijing、2018-8-5-OHS-Tianjing、2018-10-10-OHS-Shandong 影像进行相邻谱段配准精度验证。利用高精度匹配算法从如上基础产品的相邻谱段提取同名点，通过计算并统计相邻谱段同名像点坐标偏差来评估谱段配准精度。结果如表 4.19 所示。

表 4.19 谱段配准精度　　　　　　　　　　　（单位：像素）

影像	谱段精度	列		行		平面
		Max	RMS	Max	RMS	
2018-9-12-OHS-Beijing	B1-B2	0.53	0.27	0.55	0.28	0.38
	B2-B3	0.56	0.28	0.56	0.28	0.40
	B3-B4	0.59	0.29	0.56	0.28	0.41
	B4-B5	0.57	0.29	0.57	0.28	0.40
	B5-B6	0.56	0.28	0.62	0.31	0.42

影像	谱段精度	列		行		平面
		Max	RMS	Max	RMS	
	B6-B7	0.55	0.27	0.56	0.28	0.39
	B7-B8	0.57	0.28	0.58	0.29	0.41
	B8-B9	0.56	0.28	0.57	0.29	0.40
	B9-B10	0.54	0.27	0.60	0.30	0.40
	B10-B11	0.52	0.26	0.55	0.27	0.38
	B11-B12	0.49	0.24	0.52	0.26	0.36
	B12-B13	0.48	0.24	0.50	0.25	0.35
	B13-B14	0.47	0.24	0.52	0.26	0.35
	B14-B15	0.45	0.23	0.46	0.23	0.32
	B15-B16	0.55	0.27	0.58	0.29	0.40
	B16-B17	0.51	0.26	0.72	0.36	0.45
	B17-B18	0.59	0.29	0.67	0.34	0.45
2018-9-12-OHS-Beijing	B18-B19	0.64	0.32	0.63	0.32	0.45
	B19-B20	0.59	0.29	0.62	0.31	0.43
	B20-B21	0.56	0.28	0.55	0.27	0.39
	B21-B22	0.47	0.24	0.53	0.27	0.36
	B22-B23	0.51	0.25	0.52	0.26	0.36
	B23-B24	0.55	0.28	0.57	0.28	0.39
	B24-B25	0.57	0.29	0.61	0.30	0.42
	B25-B26	0.50	0.25	0.56	0.28	0.38
	B26-B27	0.53	0.27	0.56	0.28	0.39
	B27-B28	0.51	0.26	0.53	0.27	0.37
	B28-B29	0.56	0.28	0.61	0.30	0.41
	B29-B30	0.67	0.34	0.72	0.36	0.49
	B30-B31	0.73	0.37	0.69	0.34	0.51
	B31-B32	0.74	0.37	0.74	0.37	0.52

影像	谱段精度	列		行		平面
		Max	RMS	Max	RMS	
	B1-B2	0.55	0.28	0.59	0.30	0.41
	B2-B3	0.51	0.25	0.55	0.28	0.38
	B3-B4	0.51	0.25	0.50	0.25	0.36
	B4-B5	0.45	0.22	0.45	0.23	0.32
	B5-B6	0.42	0.21	0.46	0.23	0.31
	B6-B7	0.47	0.24	0.48	0.24	0.34
	B7-B8	0.42	0.21	0.45	0.22	0.31
	B8-B9	0.45	0.23	0.47	0.23	0.32
	B9-B10	0.46	0.23	0.47	0.23	0.33
	B10-B11	0.43	0.22	0.49	0.25	0.33
	B11-B12	0.46	0.23	0.47	0.23	0.33
	B12-B13	0.46	0.23	0.50	0.25	0.34
	B13-B14	0.45	0.23	0.51	0.25	0.34
	B14-B15	0.45	0.22	0.50	0.25	0.33
2018-8-5-OHS-Tianjing	B15-B16	0.49	0.25	0.53	0.26	0.36
	B16-B17	0.55	0.27	0.61	0.31	0.41
	B17-B18	0.53	0.27	0.63	0.32	0.42
	B18-B19	0.76	0.38	0.84	0.42	0.57
	B19-B20	0.55	0.28	0.57	0.29	0.40
	B20-B21	0.45	0.23	0.50	0.25	0.34
	B21-B22	0.42	0.21	0.45	0.23	0.31
	B22-B23	0.41	0.21	0.45	0.22	0.30
	B23-B24	0.47	0.23	0.48	0.24	0.33
	B24-B25	0.50	0.25	0.53	0.27	0.36
	B25-B26	0.47	0.23	0.48	0.24	0.33
	B26-B27	0.42	0.21	0.45	0.23	0.31
	B27-B28	0.42	0.21	0.43	0.22	0.30
	B28-B29	0.45	0.22	0.46	0.23	0.32
	B29-B30	0.49	0.24	0.51	0.25	0.35
	B30-B31	0.53	0.26	0.58	0.29	0.39
	B31-B32	0.66	0.34	0.76	0.38	0.51

影像	谱段精度	列		行		平面
		Max	RMS	Max	RMS	
	B1-B2	0.87	0.43	0.77	0.39	0.58
	B2-B3	0.84	0.42	0.77	0.39	0.57
	B3-B4	0.72	0.36	0.71	0.36	0.51
	B4-B5	0.64	0.32	0.61	0.30	0.44
	B5-B6	0.58	0.29	0.55	0.28	0.40
	B6-B7	0.55	0.28	0.52	0.26	0.38
	B7-B8	0.50	0.25	0.49	0.24	0.35
	B8-B9	0.45	0.23	0.43	0.22	0.31
	B9-B10	0.43	0.21	0.42	0.21	0.30
	B10-B11	0.43	0.21	0.43	0.21	0.30
	B11-B12	0.44	0.21	0.43	0.21	0.30
	B12-B13	0.43	0.21	0.45	0.21	0.30
	B13-B14	0.44	0.21	0.46	0.22	0.30
	B14-B15	0.42	0.20	0.44	0.21	0.29
2018-10-10-OHS-Shandong	B15-B16	0.43	0.21	0.43	0.21	0.30
	B16-B17	0.55	0.28	0.56	0.28	0.39
	B17-B18	0.59	0.30	0.58	0.29	0.42
	B18-B19	0.52	0.26	0.58	0.29	0.39
	B19-B20	0.57	0.28	0.57	0.29	0.40
	B20-B21	0.57	0.29	0.59	0.29	0.41
	B21-B22	0.50	0.25	0.52	0.26	0.36
	B22-B23	0.52	0.26	0.55	0.28	0.38
	B23-B24	0.52	0.26	0.54	0.27	0.38
	B24-B25	0.51	0.26	0.53	0.26	0.37
	B25-B26	0.52	0.26	0.51	0.26	0.36
	B26-B27	0.53	0.27	0.55	0.27	0.38
	B27-B28	0.51	0.26	0.52	0.26	0.37
	B28-B29	0.55	0.27	0.56	0.28	0.39
	B29-B30	0.58	0.29	0.57	0.28	0.40
	B30-B31	0.67	0.34	0.69	0.34	0.48
	B31-B32	0.78	0.39	0.79	0.39	0.55

续表

配准精度	列		行		平面	
	Mean	RMS	Mean	RMS	Mean	RMS
	0.276	0.011	0.274	0.009	0.389	0.014

从表4.19和图4.27可以看到,三景实验数据评估的谱段配准精度基本在0.3～0.5 个像素。如前所述,本书采用基于定位一致性约束的方法实现谱段配准,配准精度主要取决于高程误差、姿轨误差和内方位元素误差。其中,采用全球90 m SRTM 高程数据对谱段配准的影响小于 0.1 个像素;另外相邻谱段成像间隔仅在 0.1 s 内,姿轨误差主要为系统误差,对谱段配准影响可忽略;因此谱段配准精度主要取决于谱段定标精度。从表 4.19 和表 4.18 对比可看到,评估的谱段配准精度确实与谱段间定标精度相当。

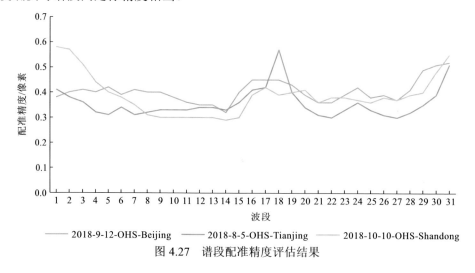

图 4.27   谱段配准精度评估结果

4. 内定向精度评估

为了验证 OHS 基础产品的影像内精度,采用人工刺点的方法在 2019-01-13-OHS- Neimeng、2019-01-17-OHS-Henan、2019-01-17-OHS-Hebei 三景影像上获取控制点 33 个、33 个和 31 个,分布如图 4.28 所示。

基于控制点对所有图像的定位精度进行评价,其中基于式(4.22)定义的 RPC 的图像仿射模型作为外定位模型[23-25]。

$$\begin{cases} x + a_0 + a_1 x + a_2 y = \mathrm{RPC}_x(\mathrm{lat}, \mathrm{lon}, h) \\ y + b_0 + b_1 x + b_2 y = \mathrm{RPC}_y(\mathrm{lat}, \mathrm{lon}, h) \end{cases} \qquad (4.22)$$

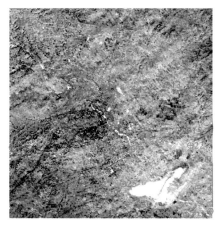

（a）2019-01-12-OHS-A-Neimeng

（b）2019-01-17-OHS-D-Henan

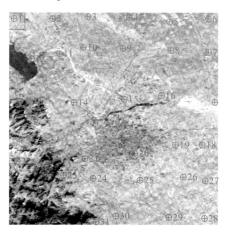

（c）2019-01-23-OHS-D-Hebei

图 4.28　影像控制点分布

　　基于 RPC 的像方仿射模型可以消除姿轨系统误差，利用控制点平差后的精度主要取决于姿轨随机误差，而由于轨道确定精度高，表 4.20 所示精度主要取决于姿态随机误差，包括姿态测量随机误差和平台稳定度引起的随机误差。根据表 4.15，姿态测量的随机误差约为 15″（3σ），引起的几何定位误差约合 1.2 个像素（1σ）。而实际上，由于 OHS 基础产品标准景的成像时间仅约 7 s，在如此短时间内的姿态测量误差主要呈现系统性，其随机误差可能要小于 15″（3σ），引起的定位误差也应小于 1.2 个像素；而考虑姿态下传频率仅为 1 Hz，地面处理时在假定 1 s 内姿态角速度不变的条件下利用相邻 1 s 的测量姿态内插出任意成像时刻的姿态，但由于 OHS 卫星平台稳定度仅为 0.002°/s（1σ），1 s 内的姿态角速度并不恒定，平台稳定度引起的随机误差不超过 0.002°，引起的几何定位误差不超过 1.7 个像素（1σ）；综上分析，姿态随机误差对内精度的影响理论上不应超过 2 个像素。

从表 4.20 可以看到,三景基础产品的定向精度均优于 1.5 个像素,且定位残差呈现随机性,如图 4.29 所示,与理论分析的"不应超过 2 像素"相符。

表 4.20　带控单景定向精度　　　　　　　　（单位：像素）

影像编号	列			行			平面
	Max	Min	RMS	Max	Min	RMS	
2019-01-12-OHS-Neimeng	1.86	0.01	0.97	1.77	0.03	0.87	1.30
2019-01-17-OHS-Henan	1.14	0.01	0.57	1.46	0.07	0.66	0.87
2019-01-23-OHS-Hebei	1.87	0.05	0.96	1.99	0.03	1.10	1.46

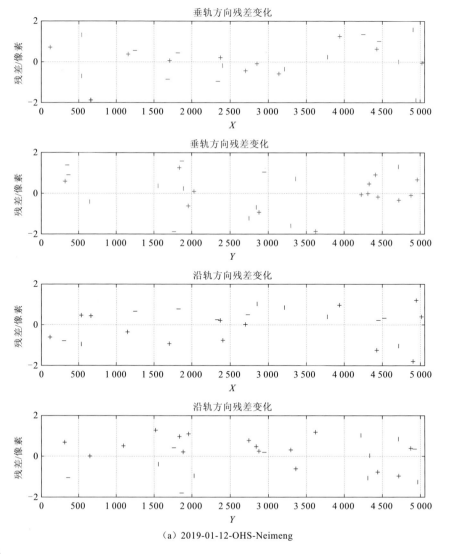

（a）2019-01-12-OHS-Neimeng

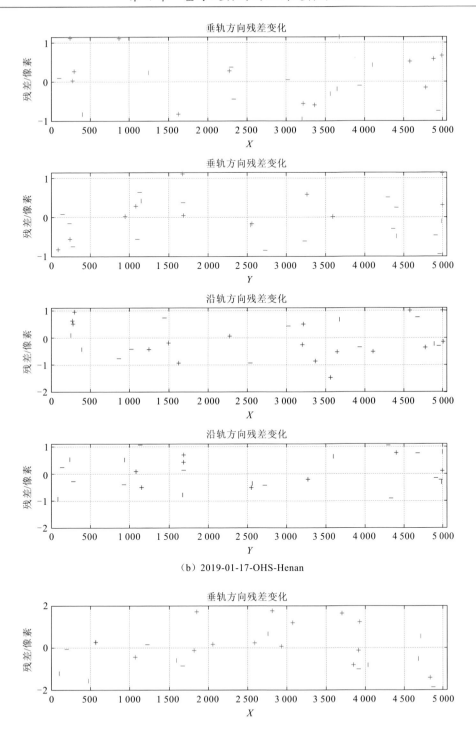

（b）2019-01-17-OHS-Henan

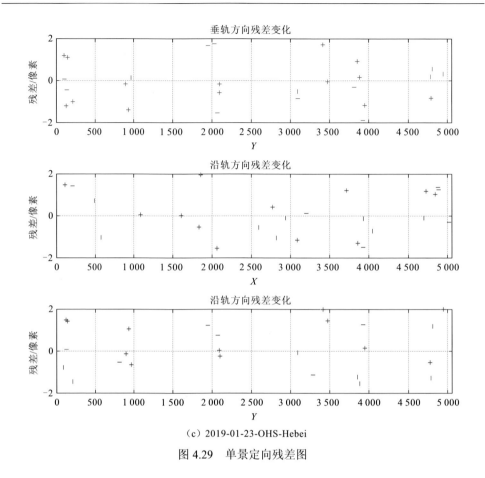

（c）2019-01-23-OHS-Hebei

图 4.29　单景定向残差图

5. 区域网平差结果

试验收集了覆盖山西的 4 轨数据，具体信息如表 4.16 所示，共计 221 景基础产品影像，影像分布位置及匹配连接点分布情况如图 4.30 所示。

采用高精度匹配算法，在 221 景影像上获得连接点 13 086 个。基于式（4.22）所示的 RPC 的像方仿射模型，对该区域 221 景影像进行 DEM 辅助的无控平面平差，辅助 DEM 为山西区域 25 m 分辨率、5 m 高程精度的 DEM，平差结果如表 4.21 所示。

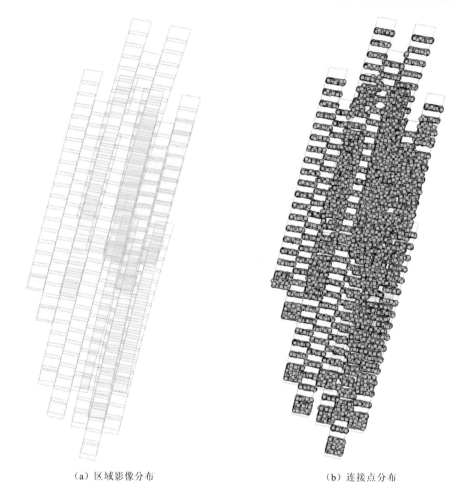

（a）区域影像分布　　　　　　　　　　（b）连接点分布

图 4.30　影像及连接点分布情况

表 4.21　连接点无控区域网平差结果

测区	连接点/个	连接点中误差/像素		
		x	y	平面
试验区	13 086	0.642	0.954	1.150

表 4.21 中的平差精度取决于高程影响和影像内精度。从表 4.16 中可以看到，221 景数据的最大交会条件为 9.82°和-8.69°，平面平差中的高程影响约为 0.2 个像素，基本可以忽略。因此该区域的平差精度 1.15 个像素主要反映了影像内精度，与前述理论分析的"不应超过 2 个像素"相符。进一步生成该区域的正射影像图，结果如图 4.31 所示，基本满足影像镶嵌接边 1 个像素左右的精度需求，验证了 OHS 基础产品影像具备大区域成图能力。

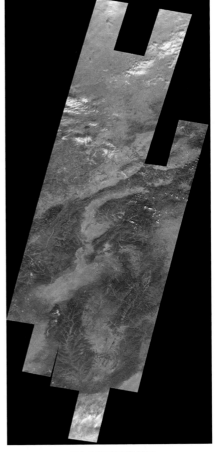

（a）单谱段显示　　　　　　　　　　　　（b）RGB真彩色显示

图 4.31　正射影像叠加示意图

图 4.32 和图 4.33 是局部地区详细接边展示情况。

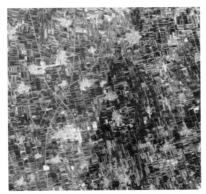

图 4.32　影像局部左右接边示意图

图 4.33　影像局部上下接边示意图

参 考 文 献

[1] 中国资源卫星应用中心. 资源一号卫星 02 星在轨测试报告[R]. 2004.

[2] 祝欣欣. 卫星几何检校场选址与几何检校方法研究[D]. 武汉: 武汉大学, 2008.

[3] 祝小勇, 张过, 唐新明, 等. 资源一号 02B 卫星影像几何外检校研究及应用[J]. 地理与地理信息科学, 2009, 25(3): 16-18, 27.

[4] TAKAGI M, SHIMODA H. Handbook of Image Analysis[M]. Tokyo: Tokyo Press, 2004.

[5] FRASER C S, DIAL G, GRODECKI J. Sensor orientation via RPCs[J]. ISPRS Journal of Photogrammetry and Remote Sensing, 2006, 60(3): 182-194.

[6] FRASER C S, HANLEY H B. Bias compensation in rational functions for IKONOS satellite imagery[J]. Photogrammetric Engineering and Remote Sensing, 2003, 69(1): 53-58.

[7] FRASER C S, HANLEY H B. Bias compensated RPCs for sensor orientation of high-resolution satellite imagery[J]. Photogrammetric Engineering and Remote Sensing, 2005, 71(8): 909-915.

[8] RADHADEVI P V, MÜLLER R, D'ANGELO P, et al. In-flight geometric calibration and orientation of ALOS/PRISM imagery with a generic sensor model[J]. Photogrammetric Engineering and Remote Sensing, 2011, 77(5): 531-538.

[9] 总谦. 基于纯平液晶显示器的相机标定方法与应用研究[D]. 武汉: 武汉大学, 2006.

[10] 王新洲, 刘丁酉, 张前勇, 等.谱修正迭代法及其在测量数据处理中的应用[J].黑龙江工程学院学报, 2001, 15(2): 3-6.

[11] 新洲, 陶本藻, 邱卫宁, 等. 高等测量平差[M]. 北京: 测绘出版社, 2006.

[12] JIANG Y H, ZHANG G, TANG X M, et al. Geometric calibration and accuracy assessment of

ZiYuan-3 multispectral images[J]. IEEE Transactions on Geoscience and Remote Sensing, 2014, 52(7): 4161-4172.

[13] 蒋永华. 国产星载光学高精度几何检校研究[D]. 武汉: 武汉大学, 2012.

[14] 安岗. CCD光学成像系统的点扩散函数及其在亚像素边缘定位中的应用[D]. 长春: 吉林大学, 2008.

[15] LEPRINCE S, BARBOT S, AYOUB F, et al. Automatic and precise orthorectification, coregistration, and subpixel correlation of satellite images, application to ground deformation measurements[J]. IEEE Transactions on Geoscience and Remote Sensing, 2007, 45(6): 1529-1558.

[16] 曹海翊, 刘希刚, 李少辉, 等. "资源三号"卫星遥感技术[J]. 航天返回与遥感, 2012, 33(3): 7-16.

[17] 唐新明, 周平, 张过, 等. 资源三号测绘卫星传感器校正产品生产方法研究[J].武汉大学学报(信息科学版), 2014, 39(3): 287-299.

[18] 潘红播, 张过, 唐新明, 等.资源三号测绘卫星传感器校正产品几何模型[J]. 测绘学报, 2013, 42(4): 516-522.

[19] FRASER C S, HANLEY H B. Bias compensation in rational functions for IKONOS satellite imagery[J]. Photogrammetric Engineering and Remote Sensing, 2003, 69(1): 53-57.

[20] HANLEY H B, YAMAKAWA T, FRASER C S. Sensor orientation for high-resolution satellite imagery[J]. International Archives of Photogrammetry and Remote Sensing, 2002, 34(1): 69-75.

[21] WANG T Y, ZHANG G, LI D R, et al. Geometric accuracy validation for ZY-3 satellite imagery[J]. IEEE on Geoscience and Remote Sensing Letters, 2014, 11(6): 1168 -1171.

[22] ORBITA. Orbita[OL]. Availabe online: https: //www.myorbita.net/ (accessed on 01 March 2019).

[23] WANG T Y, ZHANG G, JIANG Y H, et al. Combined calibration method based on rational function model for the Chinese GF-1 wide-field-of-view imagery[J]. Photogrammetric Engineering and Remote Sensing, 2016, 82: 291-298.

[24] WANG T Y, ZHANG G, YU L, et al. Multi-mode GF-3 satellite image geometric accuracy verification using the RPC model[J]. Sensors, 2017, 17: 2005.

[25] WANG T Y, ZHANG G, LI D R, et al. Planar block adjustment and orthorectification of Chinese spaceborne SAR YG-5 imagery based on RPC[J]. International Journal of Remote Sensing, 2018, 39: 640-654.

第 5 章　无场几何定标方法

5.1　无场外定标

5.1.1　特定拍摄条件下的无场外定标

式（3.10）在像方描述姿态滚动误差引起的像点偏移，从式中可以看出，由滚动角误差引起的像点偏移具有方向性，在像面上偏移方向仅由滚动角误差的正负决定。该描述方式下的姿态误差定义于像方空间，难以通过平台姿控改变其正负取值。而在轨道空间，情况则有所不同。

图 5.1 以滚动角误差为例，OS 为真实成像光线，OS' 为带误差成像光线，ω 为垂轨向成像角（包含成像侧摆角、探元视场角等），$\Delta\omega$ 为滚动角误差，H 为卫星高度。则可得垂轨向定位误差 ΔY 为

$$\Delta Y = H\left[\tan\omega - \tan(\omega + \Delta\omega)\right] \tag{5.1}$$

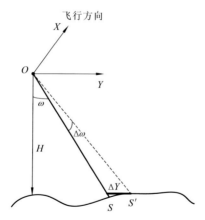

图 5.1　轨道坐标空间滚动角误差对几何定位的影响分析

考虑 $\Delta\omega$ 通常为小角度，式（5.1）可做如下近似：

$$\Delta Y \approx -H\frac{1}{\cos^2\omega}\Delta\omega \tag{5.2}$$

式（5.2）表明，在轨道坐标空间下，滚动角误差引起的定位误差方向仍然由 $\Delta\omega$ 的正负确定。然而，$\Delta\omega$ 的正负取值定义于轨道坐标系，如图 5.2 所示，当卫星整体平台做偏航 180° 旋转时，则相当于 $\Delta\omega$ 符号取反。根据式（5.2），滚动角误差引起的几何定位误差大小保持不变而方向相反。图 5.3 中，采用文献[1]的仿真系统模拟偏航角分别为 0° 和 180° 时，5″的滚动角误差引起的垂轨向几何定位误差，其中 X 轴为影像列，Y 轴为影像行，Z 轴为垂轨向定位误差。可以看到，在偏航角旋转 180° 后，滚动角误差引起的几何定位误差大小相近但方向却相反。

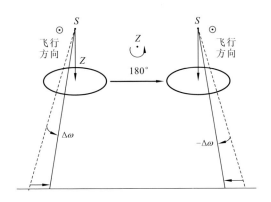

图 5.2　轨道空间下姿态误差引起的几何定位误差

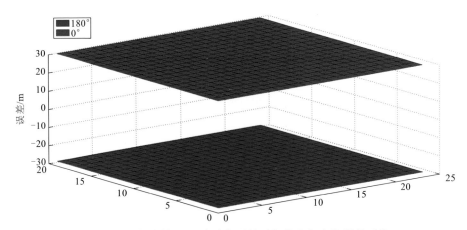

图 5.3　偏航旋转 180° 滚动角误差引起的几何定位误差对比

根据姿态误差在轨道空间的这一特性，利用敏捷卫星快速机动在短时间内两次扫描同一区域，保持两次扫描的卫星侧摆、俯仰角相近而偏航角相差 180°，则可根据两次影像几何定位误差大小相近、方向相反的特点实现外方位元素自定标[2]。

假设从两张影像上获取同名点对 (x_1, y_1) 和 (x_r, y_r)，基于几何定位模型分别求取两点的物方坐标 (X_1, Y_1, Z_1) 和 (X_r, Y_r, Z_r)：

$$\begin{cases} (X_1, Y_1, Z_1) = f(\text{Pos\_}s_1, \text{Att\_}s_1, x_1, y_1, h_1) \\ (X_r, Y_r, Z_r) = f(\text{Pos\_}s_r, \text{Att\_}s_r, x_r, y_r, h_r) \end{cases} \tag{5.3}$$

式（5.3）中，为降低高程投影差的影响，几何定位利用全球 SRTM-DEM 数据获取高程。

根据姿态误差上述分析特性可知：

$$\begin{cases} (X_1, Y_1, Z_1) = (X_1, Y_1, Z_1)_{\text{true}} + (\Delta X, \Delta Y, \Delta Z) \\ (X_r, Y_r, Z_r) = (X_r, Y_r, Z_r)_{\text{true}} - (\Delta X, \Delta Y, \Delta Z) \end{cases} \tag{5.4}$$

式中：$(X_1, Y_1, Z_1)_{\text{true}}$ 和 $(X_r, Y_r, Z_r)_{\text{true}}$ 分别为 (x_1, y_1) 和 (x_r, y_r) 的地面坐标真值，且由于 (x_1, y_1) 和 (x_r, y_r) 为同名点，则：$(X_1, Y_1, Z_1)_{\text{true}} = (X_r, Y_r, Z_r)_{\text{true}}$。

因此，同名点对 (x_1, y_1) 和 (x_r, y_r) 的真实地面坐标（忽略高程影响）为

$$(X_1, Y_1, Z_1)_{\text{true}} = \left(\frac{X_1 + X_r}{2}, \frac{Y_1 + Y_r}{2}, \frac{Z_1 + Z_r}{2} \right) \tag{5.5}$$

将轨道位置误差等效为姿态角误差，直接采用偏置矩阵 $\boldsymbol{R}_u$ 进行统一补偿，修正真实光线指向与带误差光线指向间的偏差；根据式（5.3）～式（5.5）获取的定标控制点解求下式中组成偏置矩阵的三个偏置角 φ_u、ω_u、κ_u，补偿外方位元素误差[3-6]。

$$\begin{cases} \begin{bmatrix} X \\ Y \\ Z \end{bmatrix}_{\text{WGS84}} = \begin{bmatrix} X_S \\ Y_S \\ Z_S \end{bmatrix}_{\text{WGS84}} + R_{\text{J2000}}^{\text{WGS84}} R_{\text{body}}^{\text{J2000}} \boldsymbol{R}_u \left\{ \begin{bmatrix} Dx \\ Dy \\ Dz \end{bmatrix} + \begin{bmatrix} dx \\ dy \\ dz \end{bmatrix} + m \boldsymbol{R}_{\text{cam}}^{\text{body}} \begin{bmatrix} x - x_0 \\ y - y_0 \\ -f \end{bmatrix} \right\} \\ \boldsymbol{R}_u = \begin{bmatrix} a_1 & a_2 & a_3 \\ b_1 & b_2 & b_3 \\ c_1 & c_2 & c_3 \end{bmatrix} = \begin{bmatrix} \cos\varphi_u & 0 & \sin\varphi_u \\ 0 & 1 & 0 \\ -\sin\varphi_u & 0 & \cos\varphi_u \end{bmatrix} \begin{bmatrix} 1 & 0 & 0 \\ 0 & \cos\omega_u & -\sin\omega_u \\ 0 & \sin\omega_u & \cos\omega_u \end{bmatrix} \begin{bmatrix} \cos\kappa_u & -\sin\kappa_u & 0 \\ \sin\kappa_u & \cos\kappa_u & 0 \\ 0 & 0 & 1 \end{bmatrix} \end{cases} \tag{5.6}$$

5.1.2　恒星观测定标

设计对地相机与星敏同时拍摄恒星的观测模式，利用姿态确定技术求解对地相机的惯性系四元数，进一步直接标定对地相机与各颗星敏的安装关系。

1. 星点提取

星像点的位置精度不仅影响星图识别的成功率，而且关系姿态精度。目前，

星象点提取算法一般采用内插细分算法。其实现方法如图 5.4 所示，通过光学离焦，使恒星成像位置相对强度分布，均匀反映到相应像元亮度信号散布上，通过门限剔除图像背景噪声后，由内插算法求出星像精确位置。

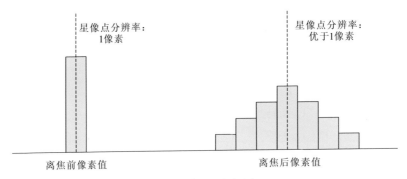

图 5.4　星像点内插原理

内插细分测量的方法较多，典型的有：矩心算法和高斯曲面拟合法等等。

1）矩心算法

矩心法是以信号光斑的质心作为光斑位置特征点，并采用矩心算法来求信号的质心。矩心算法先对信号求面积的矩，然后再在区域内作面积平均，如图 5.5 所示。

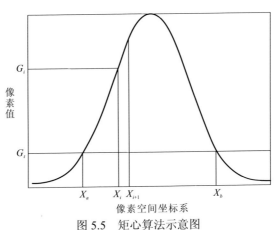

图 5.5　矩心算法示意图

设 CCD 输出信号的光电子数为 g_i，x_i 为第 i 个象元对应的空间坐标，积分区域取与闭值 g_t 相对应点 x_a、x_b 之间的区域，其中第 x_i 区域的面积为 $g_i(x_{i+1}-x_i)$，对信号求面积的矩为 $g_i(x_{i+1}-x_i)x_i$，对整个信号的质心 x_0 的估计值 $\hat{x}$ 为

$$\hat{x} = \frac{\sum g_i (x_{i+1} - x_i) x_i}{\sum g_i (x_{i+1} - x_i)} = \frac{\sum g_i \cdot x_i}{\sum g_i} \tag{5.7}$$

由于矩心算法是对信号求面积的矩，再在区域内作面积平均，可显著降低每个测量数据对整个信号的影响，有利于消除系统误差，减小随机误差，提高值的稳定性和重复精度。它的这种优越性，使其成为星敏感器信号处理中超精度内插细分技术采用的最主要的算法。

2）高斯曲面拟合法

由于恒星星点图像可以近似为高斯分布，可以用高斯曲面对其灰度分布进行拟合。高斯曲面函数可以表示为

$$f(x,y) = A \cdot \exp \left\{ -\frac{1}{2(1-\rho^2)} \left[\left(\frac{x-x_0}{\sigma_x} \right)^2 - 2\rho \left(\frac{x}{\sigma_x} \right) \left(\frac{y}{\sigma_y} \right) + \left(\frac{y-y_0}{\sigma_y} \right)^2 \right] \right\} \tag{5.8}$$

式中：A 为比例系数，代表灰度幅值的大小；(x_0, y_0) 为高斯函数的中心；σ_x、σ_y 分别为 x、y 方向的标准偏差；ρ 为相关系数。一般为简化计算，取 $\rho=0$，$\sigma_x=\sigma_y$。

利用最小二乘法可以计算出高斯函数的中心，即为星体的中心位置坐标。由于充分利用了星像灰度分布信息，高斯曲面拟合计算精度较高，抗干扰能力也较强。

2. 星图识别

星图识别是恒星定姿的关键部分。星图识别根据卫星飞行过程中识别状态分为自主识别和跟踪识别。自主星图识别是不需要其他敏感设备（如陀螺仪）提供初始粗姿态，在完全自主工作状态下的识别，具有较高的实用价值。目前大部分星图识别算法都是自主星图识别算法。

星图识别其实质是识别恒星影像上的星像点所对应的恒星是恒星数据库中哪几个恒星。恒星数据库又称为基本星表，记录了星号、星名、星等、赤经、赤纬、自行等恒星数据。恒星识别一般通过恒星构成的图形来与预先生成的导航星表进行比对来实现。导航星表是由基本星表根据识别算法所用的比对模式生成的数据库。

1）三角形匹配算法

三角形匹配算法的核心思想是预先把基本星表中的恒星进行组合构成三角形模式数据库（三角形导航星表），在定姿时实时地把提取的恒星像点进行组合生成恒星三角形，然后与数据库中的同构三角形进行匹配，唯一地确定所摄影的恒星。

图 5.6 显示了三角形星模式识别算法的实现过程。首先从星敏感器实时星图中选取不共线三颗星组成一个待识别的星三角形，通过与导航星表中的星三角形进行比较，在满足匹配约束条件下完成对星模式的识别。

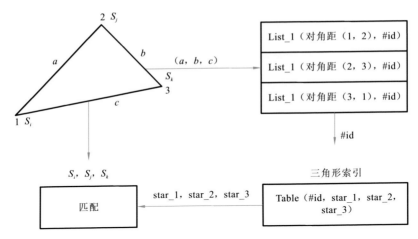

图 5.6　三角形星模式识别算法

星模式识别的三角形算法具体实现过程如下。

（1）从星图中选出最亮的 a_k 恒星，组成 $C_{a_k}^3$ 个待识别的恒星三角形。

（2）对每一个星三角形，标记其顶点：三条边对应的星对角距按照升序排列，与导航星表中星对角距进行比较，找出满足差值在 $\pm\varepsilon_d$（角距误差门限）范围内的星对。

（3）对于上一步得到的每一个星对，确定被标识的敏感器顶点星与对应导航星的星等误差是否在 $\pm\varepsilon_b$（星等误差门限）范围内；如果是，把该导航星对放进匹配表中。

（4）如果匹配表为空，显示匹配失败；否则，检查所有的导航星对是否在同样的星敏感器视场角范围内。如果不是，在同样的视场角内存在最大的导航星组，认为这一组为识别结果星组。如果不存在最大星组（它们大小一样），显示匹配失败。

2）匹配组算法

匹配组算法的原理是预先建立两两组合的星对数据库（星对角距导航星表），在定姿时实时地把提取的恒星像点组合成星对，然后与数据库中的星对进行匹配，通过多个匹配的星对（匹配组）唯一地确定所摄影的恒星。算法具体实现过程如下。

（1）从恒星星图中选出最亮的 a_k 个星像点对象。

（2）将 a_k 个星点对象分别作为顶点星，计算它与相邻星的星对角距，在导航星对角距数据库中找到误差在 $\pm\varepsilon_d$ 范围内的片段。

（3）对于星图中每一个星组，如果可能，标记每一个片段中星等误差在 $\pm\varepsilon_b$ 范围内的所有导航星；在适当的匹配组中记录每一个片段。

（4）通过确认匹配组中星对角距关系，找出最大一致匹配组。

（5）如果不存在最大一致匹配组，或者最大匹配组不充分满足条件，则算法失败；否则匹配组给出导航星和观测星之间正确的对应关系。

3）栅格算法

星图识别的栅格算法也是一种直观的方法，如图 5.7 所示。其步骤为：首先选择一颗星 S_i，在以 r 为半径的圆周外找一颗最近的星 S_n；以 S_i 为原点、从 S_i 到 S_n 的方向为 x 轴正向确定一个坐标系统，在该坐标系上定义一个网格：敏感器星图上在模式半径 r_p 范围内的所有观测星投影到这个网格上；网格大小为 $g \times g$，典型情况下分辨率比敏感器 CCD 分辨率小得多；结果模式是简单的位矢量，有观测星的网格值是 1，没有观测星的网格值是 0；这个模式就是星 S_i 的特征。

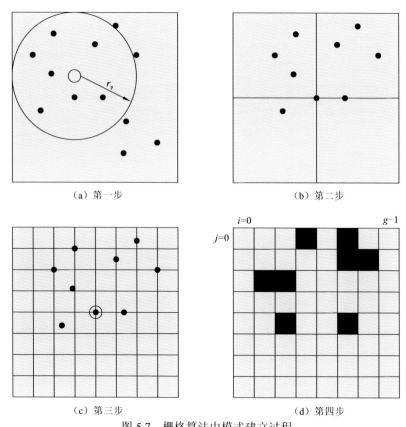

（a）第一步　　　　　　　　　　　（b）第二步

（c）第三步　　　　　　　　　　　（d）第四步

图 5.7　栅格算法中模式建立过程

该算法的具体实现过程如下。

（1）从恒星星图中选出最亮的 a_k 个星对象。

（2）对每一个星点对象，找出半径 r_p 外最近的一颗星，确定网格指向，然后利用整个视场形成一个模式。

（3）找出导航模式中最相近的匹配模式，如果匹配数超过 m，就把敏感器观测星与模式相关联的导航星配对。

（4）进行类似三角形算法的一致性检测：寻找视场角直径范围内最大识别星组；如果该组大小大于 1 则返回这一组的配对结果；如果不存在最大组，或者不能进行识别，则报告错误。

4）奇异值分解算法

奇异值分解算法利用观测坐标系下的观测单位列矢量矩阵的奇异值和参考坐标系下相应的参考单位列矢量矩阵的奇异值来进行星模式识别。从数学原理上来说，该算法进行模式识别所用的奇异值相对于坐标变换是不变的；而且对于噪声干扰而言，该算法所用的特征不变量是稳健的；该算法可同时完成星模式识别和飞行器姿态估计。

具体原理与过程为：采用星敏感器小孔模型，设 v_i 和 w_i（$i=1$，2，$\cdots$，N）分别表示天球坐标系下的参考单位矢量和 CCD 星敏感器坐标系下的观测单位矢量，这些矢量满足 $W = CV$，列矢量矩阵 w 和 v 定义如下：

$$\begin{cases} W = [w_1 \quad w_2 \quad \cdots \quad w_N]_{3\times N} \\ V = [v_1 \quad v_2 \quad \cdots \quad v_N]_{3\times N} \end{cases} \tag{5.9}$$

C 是方向余弦矩阵，满足关系式

$$C^T C = CC^T = I \tag{5.10}$$

对 W、V 进行奇异值分解，得

$$\begin{cases} W = P_v \Sigma_v Q_v^T = \sum_{i=1}^{3} p_{vi} \sigma_{vi} q_{vi}^T \\ V = P_w \Sigma_w Q_w^T = \sum_{i=1}^{3} p_{wi} \sigma_{wi} q_{wi}^T \end{cases} \tag{5.11}$$

式中：P_v 和 P_w 是对应左奇异矢量 p_{vi} 和 p_{wi}（$i=1$，2，3）的 3×3 正交矩阵；Q_v 和 Q_w 是对应右奇异矢量 q_{vi} 和 q_{wi}（$i=1$，2，$\cdots$，N）的 $N\times N$ 正交矩阵；Σ_v 和 Σ_w 是对角矩阵，对角线元素 σ_{vi} 和 σ_{wi}（$i=1$，2，3）是矩阵 V 和 W 的奇异值。对于任意 $N \geqslant 3$ 个不同矢量，恰好存在 3 个非零奇异值和 3 个左奇异矢量及 3 个右奇异矢量使得 W 和 V 的分解唯一。

先利用奇异值进行匹配，成功后带入参考单位矢量 W 和观测单位矢量 V，同时解求方向余弦 C，进而求得视轴指向。

5）神经元网络算法

按照入射光子量的强度选择一颗最亮的恒星 G_1，对应的模式识别问题变成把观测星图与已知导航星表进行比较，在导航星表中找出一个与观测星图模式一致的已知星模式。于是神经网络就可以用来完成模式识别的最优化问题，就能够使观测星模式与导航星模式进行最优匹配。完成模式识别以后，就可以计算出星敏感器视轴在天球坐标系中的指向。图 5.8 显示了星敏感器小孔模型，图 5.9 显示了基于神经网络的星模式识别算法中特征矢量的构造方法。

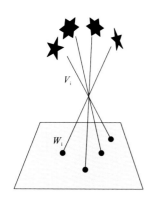

图 5.8　星敏感器小孔模型

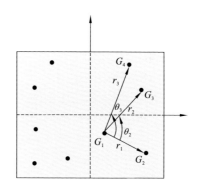

图 5.9　神经网络算法中特征适量的构造

利用神经网络方法确定飞行器姿态的关键是获取特征矢量。首先，在视场中选择 10 颗观测星，从中找出最亮的星，称为第一导航星 G_1，求出从第一导航星到其余观测星的距离。如果选择最亮的星时在星敏感器等误差范围内得到两颗或更多的星，则选择离视轴最近的星为第一导航星。第一导航星到其余星的距离按照矢量几何进行计算。第二导航星 G_2 选择距离第一导航星最近的那颗星。把第一导航星与第二导航星的连线作为参考基线，计算其余观测星与第一导航星连线与该基线的夹角，并计算从第一导航星到其余观测星的矢量。这样，对于整个视场内的 10 颗观测星，共得到 9 个 r 值和 9 个交角余弦值。于是求得的特征矢量为

$$F_v = [r_1^2, r_2^2, \cdots, r_9^2, \cos^2\theta_1, \cos^2\theta_2, \cdots, \cos^2\theta_9] \tag{5.12}$$

在得到了特征矢量后，就可以利用神经网络（比如 Kohonen 网络）进行模式识别了。

6）几种星图识别算法的比较

目前几种主流星图识别算法都存在一些不足：三角形匹配法存储容量大，不利于快速计算；栅格法对星等存在严重依赖，可靠性低；匹配组算法复杂，匹配速度慢；奇异值分解算法不易设定门限；神经元网络算法匹配速度慢等。其优缺点归纳如表 5.1 所示。

表 5.1 常见星图识别算法比较

星模式识别算法	优点	缺点
三角形匹配法	匹配简单	以三角形为基元，公共边重复存储，导航星表容量大且易冗余匹配
栅格法	导航星容量小，识别率高	需 CCD 视场内有较多恒星，对视场和星等灵敏度有严格要求
匹配组算法	识别准确率可接近 100%	算法复杂，在识别过程中所需的运算量和存储容量都比较大
奇异值分解算法	模式识别特别快；模式识别与姿态估计可同时完成；产生最优姿态估计；导航星标相对较小（≤500 kB）	算法原理抽象，不易理解；识别特征不变量不同于星模式，差别甚微，判别门限不易选取
神经元网络算法	一旦训练完好，能很快完成模式识别	训练需要较大计算强度；要求很大的训练集合，以完成多种模式识别；精度易受到训练集合大小和训练时间长短的影响；潜在地需要较大存储量来存储权值

3. 姿态确定

星图识别成功后，得到星图中的全部或部分观测星与导航星库中的导航星的一一对应关系，利用这些对应关系，可进行姿态解算。

如图 5.10 所示，$O\text{-}XYZ$ 为赤经坐标系，$s\text{-}xyz$ 为星敏感器的像空间坐标系。星敏感器的姿态角由赤经 α、赤纬 δ 及像平面的旋转角 k 组成。

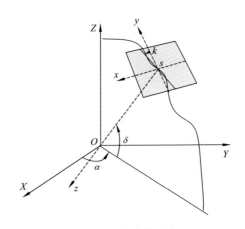

图 5.10 姿态角定义

设某颗导航星的赤经、赤纬分别为 α_i 和 δ_i，则其在赤经坐标系 O-XYZ 的坐标为 $(L_i, M_i, N_i)^{\mathrm{T}} = (\cos\alpha_i\cos\delta_i, \sin\alpha_i\cos\delta_i, \sin\delta_i)^{\mathrm{T}}$，在星敏感器的像空间坐标系的坐标为 $(x_i, y_i, -f)^{\mathrm{T}}$，其中 f 为星敏感器的焦距，则 $(x_i, y_i, -f)^{\mathrm{T}} = \sqrt{x_i^2 + y_i^2 + f^2} \cdot \boldsymbol{M}_s^{\mathrm{T}}(L_i, M_i, N_i)^{\mathrm{T}}$，即

$$\begin{cases} L_i a_1 + M_i b_1 + N_i c_1 = x_i / \sqrt{x_i^2 + y_i^2 + f^2} \\ L_i a_2 + M_i b_2 + N_i c_2 = y_i / \sqrt{x_i^2 + y_i^2 + f^2} \\ L_i a_3 + M_i b_3 + N_i c_3 = -f / \sqrt{x_i^2 + y_i^2 + f^2} \end{cases} \tag{5.13}$$

对每一颗构像在星敏感器上的恒星来说，只有 9 个方向余弦 a_j，b_j，c_j（$j = 1$，2，3）是未知的，每个星像点可列出这样三个方程式。显然，若利用三个星像点，可按上式列出 9 个方程式，可解出 9 个方向余弦。而星识别时，至少要有 3 颗星在误差范围内匹配才为比对成功，所以可以利用该方法，进行转换矩阵的计算。当识别星超过 3 颗时，由于存在位置误差，基于最小二乘原理，得到唯一的最小二乘解。

最后根据解求的 9 个方向余弦，即可利用下式得到天球坐标系下的姿态角。

$$\begin{cases} \alpha = \arctan(b_3 / a_3) \\ \delta = \arcsin(-c_3) \\ \kappa = \arctan(c_1 / c_2) \end{cases} \tag{5.14}$$

4. 星敏-相机安装角标定

对卫星上任一星敏，其与对地相机的安装关系可如下标定。假定星敏测量的姿态四元数组成的旋转矩阵为 $\boldsymbol{R}_{\mathrm{Star}}^{\mathrm{J2000}}$，相机确定的姿态矩阵为 $\boldsymbol{R}_{\mathrm{Camera}}^{\mathrm{J2000}}$，则应有下式成立：

$$\boldsymbol{R}_{\mathrm{Star}}^{\mathrm{J2000}} \boldsymbol{R}_{\mathrm{Body}}^{\mathrm{Star}} = \boldsymbol{R}_{\mathrm{Camera}}^{\mathrm{J2000}} \boldsymbol{R}_{\mathrm{Body}}^{\mathrm{Camera}} \tag{5.15}$$

进而可求得星敏-相机安装角关系：

$$\left(\boldsymbol{R}_{\mathrm{Camera}}^{\mathrm{J2000}} \right)^{-1} \boldsymbol{R}_{\mathrm{Star}}^{\mathrm{J2000}} = \boldsymbol{R}_{\mathrm{Body}}^{\mathrm{Camera}} \left(\boldsymbol{R}_{\mathrm{Body}}^{\mathrm{Star}} \right)^{-1} \tag{5.16}$$

其中 $\boldsymbol{R}_{\mathrm{Star}}^{\mathrm{Camera}} = \boldsymbol{R}_{\mathrm{Body}}^{\mathrm{Camera}} \left(\boldsymbol{R}_{\mathrm{Body}}^{\mathrm{Star}} \right)^{-1}$ 即为星敏-相机安装角关系。

5.2 无场内定标

5.2.1 几何交叉定标

如图 5.11 所示，A、B 卫星分别对同一地物点 S 成像，且分别成像于 CCD 线阵上的像元 p_0 和 p_1 处。

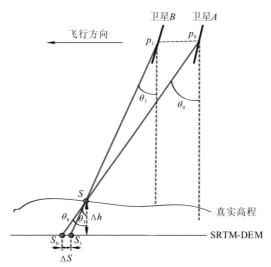

图 5.11 物方空间下姿态误差引起的几何定位误差

假定 A、B 卫星的成像几何参数（包括测量的轨道、姿态和相机内方位元素）准确无误，且地物点 S 高程已知[7, 8]，则根据几何定位模型进行计算，p_0 和 p_1 都应该定位于 S 所处的地面坐标：

$$\begin{cases} \begin{bmatrix} X \\ Y \\ Z \end{bmatrix}_{\text{WGS84}} = \begin{pmatrix} X_S \\ Y_S \\ Z_S \end{pmatrix}_{\text{WGS84}} + m\boldsymbol{R}_{\text{J2000}}^{\text{WGS84}}\boldsymbol{R}_{\text{star}}^{\text{J2000}}\left(\boldsymbol{R}_{\text{body}}^{\text{star}}\boldsymbol{R}_{\text{cam}}^{\text{body}}\right)\begin{bmatrix} \tan\psi_x \\ \tan\psi_y \\ 1 \end{bmatrix}_p \\ \begin{bmatrix} X \\ Y \\ Z \end{bmatrix}_{\text{WGS84}} = \begin{pmatrix} X_S \\ Y_S \\ Z_S \end{pmatrix}_{\text{WGS84}} + m\boldsymbol{R}_{\text{J2000}}^{\text{WGS84}}\boldsymbol{R}_{\text{star}}^{\text{J2000}}\left(\boldsymbol{R}_{\text{body}}^{\text{star}}\boldsymbol{R}_{\text{cam}}^{\text{body}}\right)\begin{bmatrix} \tan\psi_x \\ \tan\psi_y \\ 1 \end{bmatrix}_q \end{cases} \tag{5.17}$$

但由于高程误差、内外方位元素误差的影响，式（5.17）通常并不能成立。图 5.11 中高程误差对同名点的交会影响近似为

$$\Delta S = \Delta h(\tan\theta_1 - \tan\theta_0) \tag{5.18}$$

式中：θ_0 和 θ_1 为前后两次成像的姿态角；Δh 为高程误差。显然，Δh 取决于几何定位时采用的地形数据（如全球公开的 SRTM-DEM 数据）。因此，当 θ_0 和 θ_1 足够接近，即卫星以非常相近的姿态角连续两次拍摄同一区域时，则可消除高程误差对同名点交会的影响。进一步由分析可知[9]，轨道误差引起的定位误差为平移误差，而姿态误差引起的定位误差为平移误差和旋转误差，因此可以采用偏置矩阵 $\boldsymbol{R}_{\mathrm{u}}$ 同时消除轨道、姿态系统误差对同名点交会的影响[10, 11]；假定 A 星已经完成内方位元素定标，则可采用内方位元素模型标定 B 星：

$$\begin{cases} \begin{bmatrix} X \\ Y \\ Z \end{bmatrix} = \begin{bmatrix} X_{\mathrm{S}} \\ Y_{\mathrm{S}} \\ Z_{\mathrm{S}} \end{bmatrix} + m_A \left(\boldsymbol{R}_{\mathrm{J2000}}^{\mathrm{WGS84}} \boldsymbol{R}_{\mathrm{body}}^{\mathrm{J2000}} \boldsymbol{R}_{\mathrm{camera}}^{\mathrm{body}} \begin{bmatrix} \tan\psi_x \\ \tan\psi_y \\ 1 \end{bmatrix} \right)_A \\ \begin{bmatrix} X \\ Y \\ Z \end{bmatrix} = \begin{bmatrix} X_{\mathrm{S}} \\ Y_{\mathrm{S}} \\ Z_{\mathrm{S}} \end{bmatrix} + m_B \left(\boldsymbol{R}_{\mathrm{J2000}}^{\mathrm{WGS84}} \boldsymbol{R}_{\mathrm{body}}^{\mathrm{J2000}} \boldsymbol{R}_{\mathrm{u}} \boldsymbol{R}_{\mathrm{ucamera}}^{\mathrm{body}} \begin{bmatrix} a_0 + a_1 s + a_2 s^2 + \cdots + a_i s^i \\ b_0 + b_1 s + b_2 s^2 + \cdots + b_i s^i \\ 1 \end{bmatrix} \right)_B \end{cases} \tag{5.19}$$

为进一步保障 B 星内方位元素定标精度，将 B 星相邻 CCD 线阵上同名点应交会于地面同一位置作为几何约束，加入定标平差模型。若按式（5.19）进行平差解求，存在两个明显问题。①相邻 CCD 线阵同名点之间的交会角很小，根据高程精度与交会角的关系[12]，同名点匹配精度将对地面三维坐标的求解造成较大影响[13, 14]，最终影响交叉定标的整体精度。②每加入一对同名点约束条件，则新增加三个未知数，最终导致未知数过多，求解复杂。

借鉴文献[15]中光线法区域网平差两类未知数交替趋近法的思路，基于同名点交会约束的几何交叉定标解求步骤如下。

（1）B 星影像与 A 星影像匹配获取同名点对 (x, y)、(x', y')，利用 A 卫星影像几何定位模型及 SRTM-DEM 数据计算 (x', y') 对应的地面坐标 (X, Y, Z)，则得到 B 星影像控制点 (x, y, X, Y, Z)。

（2）利用（1）中控制点，以 a_i，b_i（$i, j \leqslant 5$）为已知值，求解式（5.19）的偏置矩阵 $\boldsymbol{R}_{\mathrm{u}}$。

（3）以 $\boldsymbol{R}_{\mathrm{u}}$ 为已知值，同样利用（1）中控制点求解式（5.19）中 a_i，b_i（$i, j \leqslant 5$）。

（4）采用（2）、（3）获取的定标参数，更新 B 星影像几何定位模型，计算其相邻 CCD 线阵上的同名点对 $(x_{\mathrm{l}}, y_{\mathrm{l}})$、$(x_{\mathrm{r}}, y_{\mathrm{r}})$ 对应的地面坐标 $(X_{\mathrm{l}}, Y_{\mathrm{l}}, Z_{\mathrm{l}})$、$(X_{\mathrm{r}}, Y_{\mathrm{r}}, Z_{\mathrm{r}})$，其中高程从 SRTM-DEM 中获取；令 $(X', Y', Z') = \left(\dfrac{X_{\mathrm{l}} + X_{\mathrm{r}}}{2}, \dfrac{Y_{\mathrm{l}} + Y_{\mathrm{r}}}{2}, \dfrac{Z_{\mathrm{l}} + Z_{\mathrm{r}}}{2} \right)$ 则获得控制点 $(x_{\mathrm{l}}, y_{\mathrm{l}}, X', Y', Z')$、$(x_{\mathrm{r}}, y_{\mathrm{r}}, X', Y', Z')$。

（5）利用（4）中获得的控制点与（1）中控制点，重新计算 $\boldsymbol{R}_u$ 和 a_i，b_i（i，$j \leqslant 5$），更新 B 星定标参数。

（6）重复步骤（3）～（5），直至前后两次获取的内方位元素定标参数小于某一阈值。

5.2.2 同名点定位一致性约束的自主定标

图 5.11 中当卫星 A 和卫星 B 为同一颗卫星，且以相近成像角拍摄同一区域，则构成卫星无场内方位元素定标条件。此时，同名点交会误差反映了卫星两个时相影像的外方位元素误差和相机内方位元素误差。同样采用偏置矩阵、多项式模型来消除外内方位元素误差影响：

$$
\begin{cases}
\begin{bmatrix} X \\ Y \\ Z \end{bmatrix}_{\mathrm{WGS84}} = \left(\begin{bmatrix} X_{\mathrm{S}} \\ Y_{\mathrm{S}} \\ Z_{\mathrm{S}} \end{bmatrix}_{\mathrm{WGS84}} + m\boldsymbol{R}_{\mathrm{J2000}}^{\mathrm{WGS84}} \boldsymbol{R}_{\mathrm{star}}^{\mathrm{J2000}} \boldsymbol{R}_{\mathrm{u}} \left(\boldsymbol{R}_{\mathrm{body}}^{\mathrm{star}} \boldsymbol{R}_{\mathrm{cam}}^{\mathrm{body}} \right) \begin{bmatrix} a_0 + a_1 s + a_2 s^2 + \cdots + a_i s^i \\ b_0 + b_1 s + b_2 s^2 + \cdots + b_j s^j \\ 1 \end{bmatrix} \right)_p \\[20pt]
\begin{bmatrix} X \\ Y \\ Z \end{bmatrix}_{\mathrm{WGS84}} = \left(\begin{bmatrix} X_{\mathrm{S}} \\ Y_{\mathrm{S}} \\ Z_{\mathrm{S}} \end{bmatrix}_{\mathrm{WGS84}} + m\boldsymbol{R}_{\mathrm{J2000}}^{\mathrm{WGS84}} \boldsymbol{R}_{\mathrm{star}}^{\mathrm{J2000}} \boldsymbol{R}_{\mathrm{u}} \left(\boldsymbol{R}_{\mathrm{body}}^{\mathrm{star}} \boldsymbol{R}_{\mathrm{cam}}^{\mathrm{body}} \right) \begin{bmatrix} a_0 + a_1 s + a_2 s^2 + \cdots + a_i s^i \\ b_0 + b_1 s + b_2 s^2 + \cdots + b_j s^j \\ 1 \end{bmatrix} \right)_q
\end{cases}
\tag{5.20}
$$

无场内定标采用成像角度相近的多时相影像实现。而由于成像角度相近，立体交会条件弱，高程求解不稳定，同名点的三维坐标 (X, Y, Z) 求解不稳定。根据地球椭球模型，地面点三维坐标应该满足如下关系：

$$
\frac{X^2 + Y^2}{(a+h)^2} + \frac{Z^2}{(b+h)^2} = 1
\tag{5.21}
$$

式中：a 和 b 分别为椭球长、短半轴；h 为地面点高度。无场内定标要求的多时相影像成像角度相近，高程误差对同名点交会的影响可以忽略不计。因此，上式中 h 可以从 SRTM-DEM 数据中获取概略值，此时 h 为已知值，则上式可化为

$$
Z = \pm \sqrt{(b+h)^2 - \frac{(b+h)^2}{(a+h)^2}(X^2 + Y^2)}
\tag{5.22}
$$

假设从多时相影像中获取了 N 对同名点，则根据式（5.20）和式（5.22）可以构建法方程如下：

$$
V = At + BX - L
\tag{5.23}
$$

式中：$t = [\mathrm{d}a_0, \cdots, \mathrm{d}a_j, \mathrm{d}b_0, \cdots, \mathrm{d}b_k, \mathrm{d}\varphi_u, \mathrm{d}\omega_u, \mathrm{d}\kappa_u]$ 为内定标模型参数改正数；L 为初值残差向量；$X = [\mathrm{d}X_1, \mathrm{d}Y_1, \mathrm{d}X_2, \mathrm{d}Y_2, \cdots, \mathrm{d}X_N, \mathrm{d}Y_N]$ 为同名点地面坐标的改

正数；A 和 B 为式（5.20）中对 t 和 X 的偏导，根据最小二乘原理实现对 t 和 X 的求解，完成无场内方位元素定标。

5.3　试　验　验　证

5.3.1　无场外定标试验验证

1. 特定拍摄条件下的无场外定标

本试验中采用仿真系统，模拟卫星偏航 180° 的敏捷拍摄过程，基于模拟影像进行验证。仿真条件如下。

（1）轨道参数：轨道高度 500 km，太阳同步轨道，轨道倾角 97.4065°，近地点幅角 90°；轨道测量采样频率为 100 Hz，轨道位置随机误差 0.05 m，时间同步误差 5 μs；模拟的卫星成像区域中心点 35.843 623 85° N，114.582 185 89° E。

（2）姿态参数：卫星采用星敏陀螺定姿，初始成像角为滚动 23.45°、俯仰 0.77°，偏航 10.15°（-170.52°），姿态稳定度 10^{-4}°/s，姿态测量采样频率为 100 Hz；姿态测量系统误差为 0″，随机误差为 0″，时间同步误差为 5 μs。

（3）相机参数：相机主距为 14 m，探元大小为 7 μm，线阵含 60 600 个探元；相机安装矩阵为单位阵，相机径向畸变 k_1 为 $2.415\,791 \times 10^{-10}$，径向畸变 k_2 为 $-1.964\,004 \times 10^{-16}$，偏心畸变 p_1 为 $-4.256\,974 \times 10^{-8}$，偏心畸变 p_2 为 $3.337\,426 \times 10^{-8}$，相机安装矩阵为单位阵，但相机滚动、俯仰、偏航三个轴向的安装角误差均为 10″。

设置（2）中初始成像偏航角分别为 0° 和 180°，卫星偏航角前后相差 180° 对同一区域两次拍摄，获取的模拟影像如图 5.12 所示。

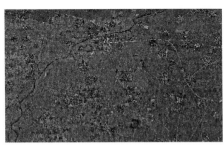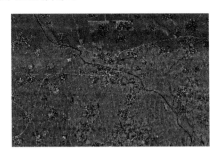

(a) 0° 图像　　　　　　　　　　　　(b) 180° 图像

图 5.12　模拟影像

在 0° 图像和 180° 图像的四角点区域选取 4 个同名点求解偏置矩阵，结果如表 5.2 所示。

表 5.2　自定标与常规定标偏置矩阵对比

影像	俯仰 / (″)	滚动 / (″)	偏航 / (″)
0°图像-自定标	−9.69	−9.63	2.56
180°图像-自定标	−11.07	−10.16	2.88
控制点定标	−10.00	−10.00	−10.00

表 5.2 中"控制点定标"是指利用仿真系统输出的无误差控制点进行外方位元素定标。由表 5.2 可以看到，控制点定标可以精确恢复出相机安装角误差；而利用自定标方法仅能较为准确地恢复俯仰角、滚动安装角误差，无法恢复偏航安装角误差。

利用仿真系统输出的无误差控制点，比较自定标偏置矩阵解求前后的模型定位精度，结果如表 5.3 所示。

表 5.3　自定标偏置矩阵求解前后定位精度对比　　　　　　（单位：像素）

区域		沿轨			垂轨		
		Max	Min	RMS	Max	Min	RMS
0°影像	A	199.60	52.44	102.70	100.12	93.12	95.44
	B	19.87	0.00	6.42	3.66	0.16	1.86
180°影像	A	199.18	24.18	103.86	111.15	67.37	95.03
	B	19.00	0.85	8.76	20.82	0.78	4.57

表 5.3 中，A 代表自定标偏置矩阵求解前的模型定位精度，B 代表自定标偏置矩阵求解后的模型定位精度。可见，由于自定标能够较好的消除俯仰角、滚动角误差，求解偏置矩阵后的几何定位精度提升明显，从 100 个像素左右提升到 10 个像素以内；但由于自定标方法无法消除偏航角误差的影响，解求偏置矩阵后的定位模型仍然受到偏航角误差影响。试验结果验证了自定标方法的正确性；同时，考虑偏航角误差对几何定位的影响，采取小侧摆条件下偏航 180°拍摄同一区域的方案，可以进一步保证自定标精度。

2. 恒星观测定标

1）星图处理

基于恒星的几何定标数据采用珞珈一号遥感数据。珞珈一号 01 星于 2018 年 6 月 2 日发射成功，是由武汉大学和长光公司共同研制的夜光遥感实验卫星，星下点分辨率 130 m。本试验采用珞珈一号面阵卷帘相机拍摄的恒星数据作为定标数据。珞珈一号卫星和相机参数如表 5.4 所示。

表 5.4 珞珈一号卫星参数

项目	参数
轨道类型	太阳同步轨道
轨道高度/km	645
地面像元分辨力/m	130（星下点）
面阵相机焦距/mm	55
面阵像元长宽	2 048×2 048
像元大小/μm	11×11
成像谱段/nm	480～800
地面带宽/km	250×250
成像模式	夜光模式+白天模式+对月模式+恒星模式
机动能力	俯仰轴大于 0.9°/s
卫星总质量/kg	<20
在轨包络尺寸/mm	520×870×390

本试验获取的恒星数据有效时长约为 15 s，地面和月球验证数据情况如表 5.5 所示。

表 5.5 珞珈一号实验数据列表

轨道编号	成像时间	成像类型	成像角度/（°） （滚动，俯仰，偏航）
21	2018-06-10T08：04：10.65	对月模式	−84.81，−20.98，−13.07
53	2018-06-27T23：43：24.15	对月模式	−85.09，−13.96，18.77
237	2018-11-23T22：45：05.29	对月模式	−120.84，−28.84，29.07
262	2019-01-29T14：56：37.23	夜光模式	−11.39，−0.37，−1.56
262	2019-01-29T14：57：02.26	夜光模式	−11.39，−0.37，−1.56
303	2019-03-11T14：56：18.15	夜光模式	−7.55，−0.21，−1.69
303	2019-03-11T14：56：38.17	夜光模式	−7.53，−0.23，−1.68
315	2019-03-22T17：40：19.18	对月模式	−141.02，−43.05，53.39
328	2019-04-01T03：33：15.69	恒星模式	−98.13，−45.44，15.71
353	2019-05-21T15：03：00.15	对月模式	163.62，−44.94，142.04

如图 5.13 所示，图 5.13（a）为珞珈一号相机拍摄的原始星图 400×400 范围大小的区域，可见相机背景中具有条带噪声；图 5.13（b）为经过背景去噪后得到的星图；图 5.13（c）为星点提取情况，中心点在恒星像点的中心位置；图 5.13（d）为根据星表剔除噪点后星图识别结果；图 5.13（e）为首帧整景影像得到的星点提取结果，由于珞珈一号敏感的恒星星等小于 4 左右，在首帧整张影像中，提取了 12 颗恒星；图 5.13（f）所示定标中误差为 0.4 个像素，满足外定标需求。

（a）原始星图（400×400）　　　（b）噪声剔除（400×400）　　　（c）星点提取（50×50）

（d）恒星识别（400×400）　　（e）首帧识别结果（2 048×2 048）　　（f）定标残差（2 048×2 048）

图 5.13　珞珈一号星图处理情况

2）无控定位精度验证

利用定标获取的相机-星敏夹角构建几何定位模型，采用几何基准对模型的无控定位精度进行评估。

$$
\begin{bmatrix} X \\ Y \\ Z \end{bmatrix}_{\text{WGS84}} = \begin{bmatrix} X_{\text{S}} \\ Y_{\text{S}} \\ Z_{\text{S}} \end{bmatrix} + m\boldsymbol{R}_{\text{J2000}}^{\text{WGS84}} \boldsymbol{R}_{\text{star}}^{\text{J2000}} \boldsymbol{R}_{\text{cam}}^{\text{star}} \begin{bmatrix} x - x_0 \\ y - y_0 \\ -f \end{bmatrix} \tag{5.24}
$$

式中：$\boldsymbol{R}_{\text{cam}}^{\text{star}}$ 为相机到星敏的夹角标定结果；$[X \quad Y \quad Z]_{\text{WGS84}}^{\text{T}}$ 为 WGS84 坐标系下地面点或者月球质心的位置；$[X_{\text{S}} \quad Y_{\text{S}} \quad Z_{\text{S}}]^{\text{T}}$ 为卫星本体质心在 WGS84 坐标系下位

置；m 为受轨道高度影响的尺度因子；$\boldsymbol{R}_{\text{J2000}}^{\text{WGS84}}$ 为 J2000 系到 WGS84 系的坐标旋转矩阵，该参数可以由地球定向参数结合拍摄时刻获取；$\boldsymbol{R}_{\text{star}}^{\text{J2000}}$ 为星敏测量的惯性系下姿态；(x, y) 为像元在影像上的行列号；(x_0, y_0) 为相机在焦平面的中心点；f 为相机焦距。

通过以上公式，针对地面基准，可以计算影像点的物方坐标 $[\tilde{X} \quad \tilde{Y} \quad \tilde{Z}]_{\text{WGS84}}^{\text{T}}$，与在基准影像上该点坐标 $[\overline{X} \quad \overline{Y} \quad \overline{Z}]_{\text{WGS84}}^{\text{T}}$ 比较，即可以得到定位精度；针对月球基准，可以计算月球中心点的像方坐标 $(\tilde{x}, \tilde{y})$，与月球在影像上的中心点位置 $(\overline{x}, \overline{y})$，即可以得到定位精度。

I. 地面基准验证

本试验将对两组定标参数进行对比验证。

（1）2018 年 06 月 28 日的定标参数，该参数通过珞珈白天拍摄的影像，采用地面定标方法获取。

（2）2019 年 04 月 01 日的定标参数，该参数通过珞珈拍摄恒星的影像，采用本书的定标方法获取。

图 5.14 为珞珈一号影像与 LandSat 地面控制影像之间的对应关系。

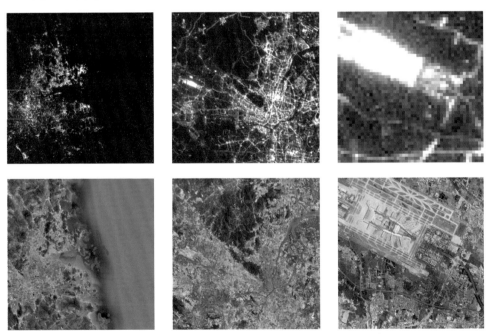

图 5.14 珞珈一号夜光影像和地面控制影像对应关系

上三图为珞珈一号影像，下三图为光学控制影像，左中右缩放级别逐步增大地面精度验证结果如表 5.6 所示。

表 5.6   珞珈一号外方位元素定标验证结果

轨道编号	成像日期	地面定标精度		恒星定标精度	
		像素	星下点/m	像素	星下点/m
262	2019.01.29	6.3	820	6.5	850
262	2019.01.29	6.9	900	6.8	890
303	2019.03.11	5.3	690	4.3	560
303	2019.03.11	4.4	570	5.2	680

由表 5.6 可知，经过恒星/星敏定标获取的定标参数，在用控制点影像进行精度验证时，精度可以达到 5~6 个像素，即 800 m 左右的无控定位精度，其效果与利用地面控制进行定标得到的精度相当。

II. 月球基准验证

分别采用实验室测量、传统地面定标、本书恒星定标获取的相机-星敏夹角来构建几何定位模型，基于喷气推进实验室公布的 DE421 中记录的月球位置，利用定位模型计算在珞珈一号 01 星影像上的像点位置，与影像上实际提取的月球质心位置进行比较，评估定位精度，结果如图 5.15 所示。

图 5.15 为采用恒星定标获取的定位情况，十字丝表示月球中心通过定位模型计算后在影像中的位置，箭头终点表示对月球边缘做圆形拟合后圆的中心位置，对三种参数计算的月球定位精度统计如表 5.7 所示。

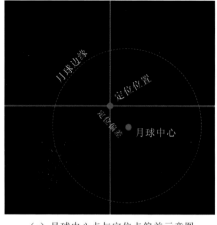

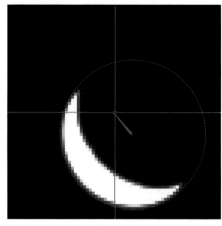

（a）月球中心点与定位点偏差示意图   （b）21 轨（2018.06.10）

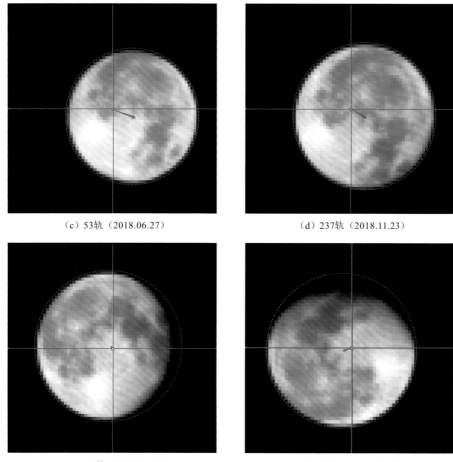

（c）53轨（2018.06.27）　　　　　　　　（d）237轨（2018.11.23）

（e）315轨（2019.03.23）　　　　　　　　（f）353轨（2019.05.21）

图 5.15　恒星定标参数计算下的月球中心点定位偏移

表 5.7　不同定标参数下月球定位精度

轨道编号	成像日期	定标参数	月球中心位置计算结果/像素	月球中心位置实测结果/像素	定位精度	
					像素	星下点/m
21	2018.06.10	实验室	（1 133.54，679.72）	（1 105.25，606.67）	78.34	10 183.76
		地面	（1 102.25，603.89）		4.09	531.70
		恒星	（1 099.96，599.89）		8.60	1 117.94
53	2018.06.27	实验室	（438.85，1 054.01）	（411.07，977.75）	81.16	10 551.10
		地面	（408.44，981.20）		4.34	563.96
		恒星	（405.75，976.58）		5.45	708.13

轨道编号	成像日期	定标参数	月球中心位置计算结果/像素	月球中心位置实测结果/像素	定位精度	
					像素	星下点/m
237	2018.11.23	实验室	（1 050.06，1 001.2）	（1 018.46，918.70）	88.30	11 478.76
		地面	（1 019.89，926.02）		7.46	969.59
		恒星	（1 017.29，921.97）		3.47	451.49
315	2019.03.23	实验室	（1 037.89，972.96）	（1 003.77，892.53）	87.37	11 357.83
		地面	（1 007.62，897.87）		6.58	855.81
		恒星	（1 005.05，893.81）		1.81	235.33
353	2019.05.21	实验室	（1 019.58，959.01）	（984.65，881.27）	85.23	11 079.90
		地面	（989.25，883.98）		5.34	694.20
		恒星	（986.69，879.90）		2.46	319.80

如表 5.7 所示，在星敏/相机在轨外标定前，仅采用实验室定标参数，几何定位误差可以达到 80 个像素左右，即星下点精度 80×130 m≈10 km，而经过地面标定后，精度约为 6 个像素，即 780 m 左右。恒星定标景的拍摄日期为 2019 年 4 月 1 日，距离 21 轨和 53 轨数据时间较远，精度在 700～1 000 m。距离 237 轨时间较近的情况下，为 450 m 左右，而在距离定标景只有一周左右的 315 轨，其精度可以达到 1.81 个像素，即 235 m 左右。

如图 5.16 所示，为恒星标定后，5 次不同月球中心定位误差的变化情况，箭头所指的 2019 年 4 月 1 日为定标日期，而在日期前后时间范围内其定位精度均下降，基于地面控制点定标后的月球中心点精度有类似的规律。通过该图可以发现，精度随着时间距离定标日期越近越具有变好的趋势，并且在较近的情况下精度较高，考虑目前光学卫星在长时间范围内精度普遍下降的问题，本书采取的方法可

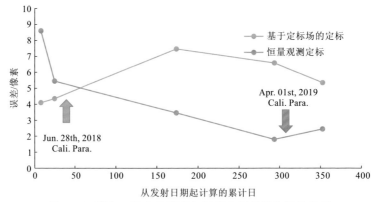

图 5.16　珞珈一号定位精度与距离定标日期之间的关系

以仅在卫星大角度机动条件下，拍摄任意方向的恒星，自主完成相机和星敏的定标。相比地面标定方法，对控制点的需求大大减小（识别恒星即自动获得了控制点），时效性也得到了较大提升。

5.3.2　无场内定标试验验证

1. 几何交叉定标

为了充分验证本书方法的正确性，采用如表 5.8 所示的数据验证单星多时相交叉定标。

表 5.8　实验验证数据

卫星	景编号	分辨率/m	成像时间	侧摆角 /（°）
YG14	YG14A-img1	0.5	2017-11-06	29.573 891
YG14	YG14A-img2	0.5	2017-06-22	29.044 88

利用 YG14A-img1 景实现对 YG14A-img2 的交叉定标。并利用太原 1∶5 000 的 DOM 和 DEM 作为检查数据，检查交叉定标精度；利用 2017 年 11 月 8 日获取的 YG14A 的定标参数来构建定标景的几何定位模型，该景的无控定位精度优于 37 m，内方位元素模型精度优于 0.4 个像素，以 YG14A-img1 影像为基准实现对 YG14A-img2 影像的交叉定标。

如图 5.17 所示，在两景影像通过自动匹配获取同名点 3465 对，配准点均匀分布。

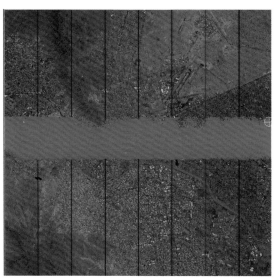

图 5.17　影像匹配同名点

利用配准提取的所有同名点对 YG14A-img2 景进行交叉定标，结果见表 5.9。

表 5.9　交叉定标平差精度　　　　　　　　　　　（单位：像素）

定标景		沿轨			垂轨			平面
		Max	Min	RMS	Max	Min	RMS	
YG14A-img2	A	393.42	0.08	149.10	43.38	0.00	15.77	149.93
	B	0.89	0.00	0.26	0.39	0.00	0.15	0.30

表 5.9 中 A 表示仅求解偏置矩阵后的同名点交会精度，而 B 则在 A 基础上实现了几何交叉定标。经过交叉定标后，准确标定了 YG14A 内方位元素，消除了内方位元素误差对同名点交会的影响，同名点交会精度提升到优于 0.4 个像素。

从 2017 年 12 月 27 日天津 1∶2000 的参考影像上为验证景影像提取了 8223 个高精度控制点，进一步对交叉定标的精度进行对比验证，结果如表 5.10 所示。

表 5.10　交叉定标精度验证　　　　　　　　　　（单位：像素）

定标景		沿轨			垂轨			平面
		Max	Min	RMS	Max	Min	RMS	
2018-2-12_Tianjin	A	33.14	1.41	23.27	65.69	60.77	63.31	67.45
	B	0.70	0.00	0.27	1.64	0.00	0.37	0.46
	C	0.68	0.00	0.27	1.63	0.00	0.37	0.46

从 2018 年 2 月 12 日天津 1∶2000 的参考影像上为验证景影像提取了 10843 个高精度控制点，进一步对交叉定标的精度进行对比验证，结果如表 5.11 所示。

表 5.11　精度验证　　　　　　　　　　　　　（单位：像素）

定标景		沿轨			垂轨			平面
		Max	Min	RMS	Max	Min	RMS	
2017-12-27_Tianjin	A	38.17	7.23	28.73	62.37	56.10	59.16	65.77
	B	0.70	0.00	0.26	1.90	0.00	0.40	0.47
	C	0.69	0.00	0.26	1.88	0.00	0.40	0.48

表 5.11 中，A 代表加入交叉定标后的无控精度，B 代表带控精度，C 则是定标场内方位元素定标后的精度，从表中可以看到，交叉定标后的无控定位精度受

限于基准影像的无控定位精度；对比表 5.10 中的 B、C 可以看到，交叉定标获取的内方位元素精度与常规利用高精度控制数据定标获取的内方位元素精度非常相近，说明了选用高精度的基准卫星进行交叉定标，可以得到与常规依赖定标场定标方法相近的精度。

2. 同名点定位一致性约束的自主定标定标

为了验证该方法的正确性，采用了 YG6 卫星和 ZY02C 卫星的数据进行验证。

1）ZY02C 实验验证

采用 ZY02C 卫星的多光谱影像作为实验数据。收集成像于 2013-04-18 和 2013-04-21 的内蒙区域的影像进行自主内定标，数据具体信息如表 5.12 所示。

表 5.12 自定标实验数据信息

数据	景编号	成像日期	侧摆角/(°)	最大高差/平均高程/m
定标数据	2013-04-18-Neimeng	2013-04-18	7.72	202.66/1 074.71
	2013-04-21-Neimeng	2013-04-21	2.35	202.66/1 074.71
验证数据	20130430-Taiyuan	2013-04-30	0.00	610.92/1 245.92
	20120324-Henan	2012-03-24	−11.80	564.46/539.25
	20121027-Anping	2012-10-27	2.15	91.48/11.21
	20130220-Tianjin	2013-02-20	0.00	91.59/−7.40

由分析可知，在本试验的自定标中，以全球 90m-SRTM 作为高程基准，其官方公布高程精度为 ≤16 m，则高程误差对自主内定标的精度影响约为 $\Delta = 16 \cdot (\tan 7.72 - \tan 2.35) = 1.51$ m，即约合 0.15 个像素。

基于高精度匹配算法从 2013-04-18-Neimeng 和 2013-04-21-Neimeng 两景影像上匹配获取均匀分布的同名点 19 888 对进行自定标。表 5.13 中，A 是采用实验室测量内方位元素求解了 2013-04-18-Neimeng 景相对 2013-04-21-Neimeng 景的偏置矩阵后的同名点交会误差，而 B 则在偏置矩阵的基础上进一步实现自定标。

表 5.13 定标前后同名点交会误差对比 （单位：像素）

精度	行			列			平面
	Max	Min	RMS	Max	Min	RMS	
A	0.35	0.00	0.14	1.36	0.00	0.29	0.32
B	0.30	0.00	0.14	0.44	0.00	0.15	0.20

为了验证自定标的精度，收集太原区域、河南区域、安平区域和天津区域的 ZY02C 多光谱影像和对应控制数据进行精度验证。其中，太原区域的控制数据为 1∶5 000 DOM 和 DEM，河南、天津区域控制数据为 1∶2 000 DOM 和 DEM，安平区域控制数据为高精度 GPS 控制点；其中，20130430-Taiyuan、20120324-Henan、20121027-Anping、20130220-Tianjin 4 景影各含 5 258、6 347、406、3 538 个控制点，控制点分布均匀。

通过评价 RPC 外定向后的几何定位精度来评估定标精度，其中定向模型采用 RPC 像方仿射模型。表 5.14 中 A 代表实验室测量内方位元素的定向精度，B 代表自定标的定向精度，C 代表定标场定标后的定向精度（控制数据为太原区域 1∶5 000 DOM/DEM 和天津区域 1∶2 000 DOM/DEM，利用 20130430-Taiyuan 景和 20130220-Tianjin 景进行联合定标获取的内方位元素）。精度对比如表 5.14 所示。

表 5.14　定向精度验证结果 （单位：像素）

编号	控制点		行			列			平面
			Max	Min	RMS	Max	Min	RMS	
20130430-Taiyuan	5258	A	2.59	0.00	0.26	3.49	0.00	1.05	1.08
		B	1.72	0.00	0.17	1.49	0.00	0.22	0.28
		C	1.51	0.00	0.16	1.42	0.00	0.20	0.26
20120324-Henan	6347	A	2.72	0.00	0.76	4.86	0.00	1.02	1.27
		B	1.93	0.00	0.58	1.78	0.00	0.43	0.72
		C	1.69	0.00	0.55	2.03	0.00	0.44	0.70
20121027-Anping	406	A	2.26	0.00	0.74	4.46	0.00	1.14	1.36
		B	1.87	0.00	0.60	2.01	0.00	0.55	0.81
		C	1.85	0.00	0.60	1.93	0.00	0.53	0.80
20130220-Tianjin	3538	A	2.38	0.00	0.70	5.62	0.00	1.22	1.41
		B	1.60	0.00	0.47	1.68	0.00	0.46	0.65
		C	1.48	0.00	0.44	1.41	0.00	0.42	0.60

实验中外定向采用的像方仿射模型无法补偿镜头畸变等高阶误差。从表 5.14 可以看出，由于实验室内方位元素受到镜头高阶畸变的影响，其定向精度在 1.4 个像素以内；表中 B 和 C 表明，无论采用定标场定标方法或是自定标方法，都能较好地消除内方位元素高阶畸变误差，将影像定向精度提升到 0.8 个像素以内；

仅从表中对比 B 和 C，自定标的精度与定标场定标精度相当，两者精度差距仅在 0.02 个像素以内。图 5.18 中为 20130220-Tianjin 景 A、B、C 的定向残差。其中，如图 5.18（a）所示，实验室内方位元素最大畸变可达约 4 个像素；如图 5.18（b）所示，自定标方法可以将最大畸变由约 4 个像素提升至 0.8 个像素左右，但对比图 5.18（b）和图 5.18（c）可以看出，自定标后仍然残留少量高阶畸变，最大值仅为 0.4 个像素，这可能是受到配准精度和高程误差的影响。实验验证了自定标可以有效消除内方位元素高阶误差。

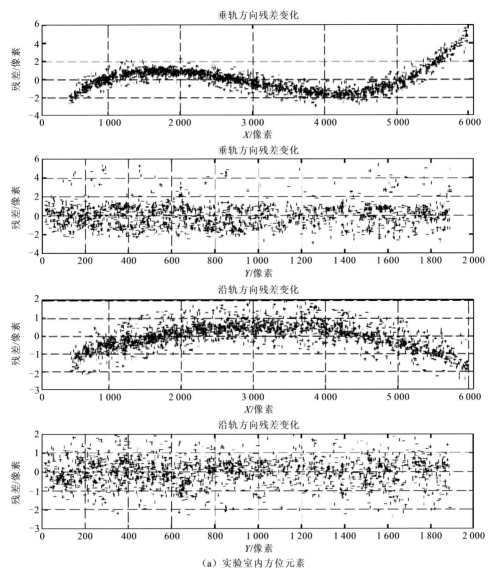

（a）实验室内方位元素

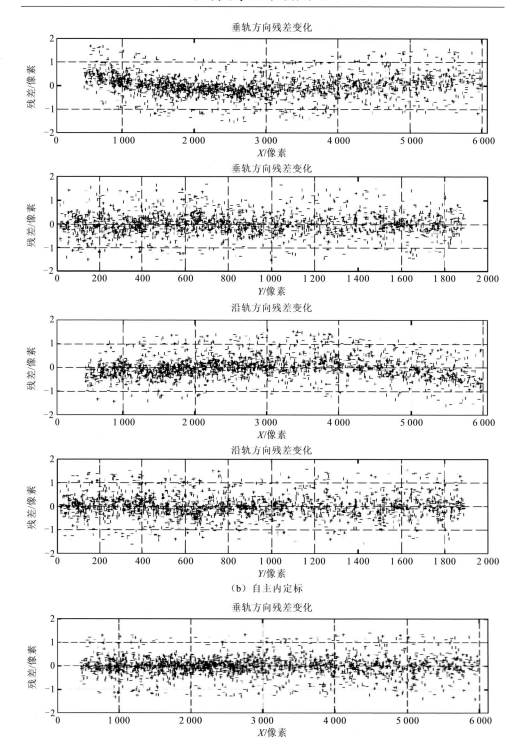

（b）自主内定标

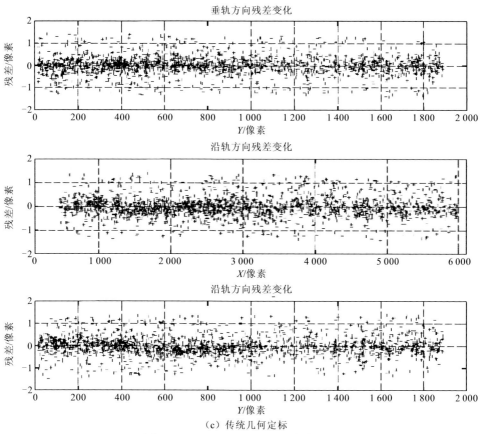

（c）传统几何定标

图 5.18　20130220-Tianjin 景定向残差

2）YG06 实验

采用 YG6 卫星的数据作为实验数据，实验数据信息如表 5.15 所示。

表 5.15　YG6 卫星自定标实验数据

数据	景编号	成像日期	侧摆角/（°）
定标数据	YG6-3_CCD-1_000014517_001_125_004_L0	2010-8-17	2.810 5
	YG6-3_CCD-1_000044828_001_052_003_L0	2011-11-14	2.835 0
验证数据	2010817-img	2010-8-17	2.810 5

实验中，采用 90 m 格网 SRTM-DEM 作为高程基准，首先利用高精度匹配算法对 YG6-3_CCD-1_000014517_001_125_004_L0 和 YG6-3_CCD-1_000044828_

001_052_003_L0 进行影像匹配，最终获取均匀分布的同名点 2 183 对，利用这些控制点进行无场内定标，求出定标参数。

将求得的定标参数补偿到验证景，对验证景进行精度评价，再对精度评价文件进行进一步的仿射精度评估，其结果如表 5.16 所示。

表 5.16   验证景仿射精度 （单位：像素）

编号	控制点		行			列		
			Max	Min	RMS	Max	Min	RMS
2010817-img	2183	A	4.37	0.00	1.48	1.40	0.00	0.51
		B	1.21	0.00	0.38	1.12	0.00	0.37

表 5.16 中，A 代表不加入定标参数的定向精度，B 代表自定标的定向精度。

图 5.19 为验证景的定向残差图，图 5.20 为垂轨、沿轨残差沿时间、列向的变化规律图，对比图 5.20（a）和图 5.20（b）可以看出，自主内定标可以较好的消除内方位元素的高阶畸变，但是由于无场内定标自身的局限性，虽然消除了高阶误差，但是仍然会存在一部分的比例误差。

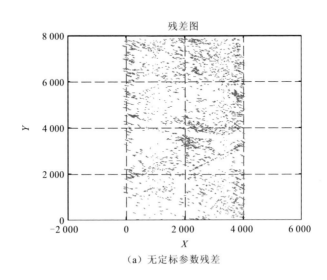

（a）无定标参数残差

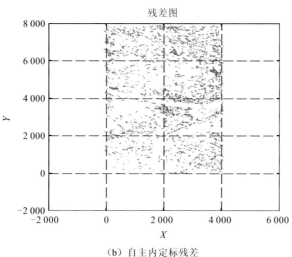

（b）自主内定标残差

图 5.19　残差图

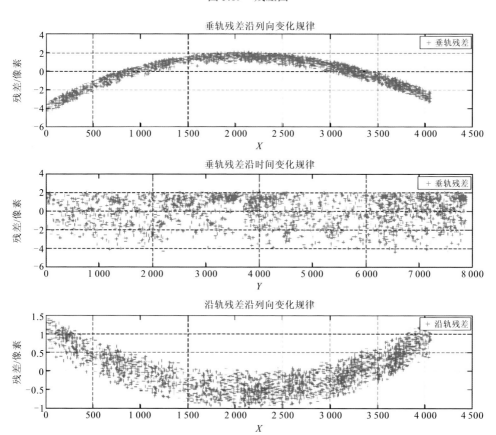

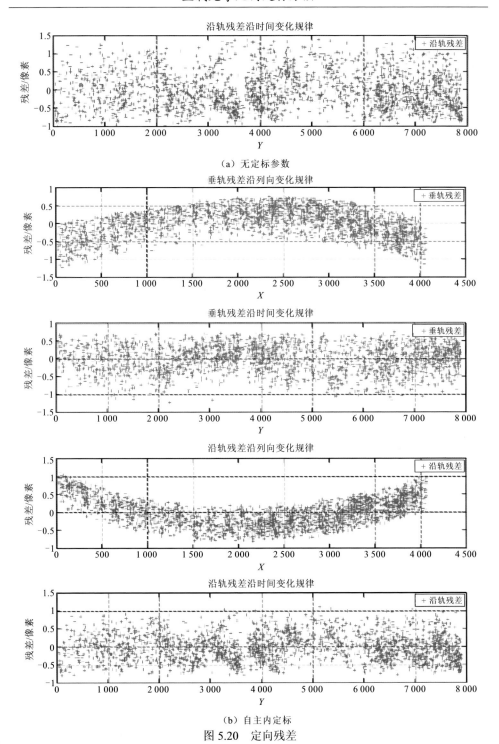

（a）无定标参数

（b）自主内定标

图 5.20　定向残差

参 考 文 献

[1] 唐新明, 张过, 黄文超, 等. 低轨卫星平面和立体精度预估方法[P]: 中国, CN103868531A. 2014. 06. 18.

[2] 蒋永华, 徐凯, 张过, 等. 线阵推扫光学卫星外方位元素自定标方法[J]. 同济大学学报(自然科学版), 2016, 44(8): 1266-1271.

[3] 徐建艳, 侯明辉, 于晋, 等. 利用偏移矩阵提高 CBERS 图像预处理几何定位精度的方法研究[J]. 航天返回与遥感, 2004(4): 25-29.

[4] 蒋永华. 国产星载光学高精度几何检校研究[D]. 武汉: 武汉大学, 2012.

[5] 蒋永华, 张过, 唐新明, 等. 资源三号测绘卫星三线阵影像高精度几何检校[J]. 测绘学报, 2013, 42(4): 523-529.

[6] 蒋永华, 张过, 唐新明, 等. 资源三号测绘卫星多光谱影像高精度谱段配准[J]. 测绘学报, 2013(6): 98-104, 111.

[7] JIANG Y H, ZHANG G, TANG X M, et al. Geometric calibration and accuracy assessment of ZiYuan-3 multispectral images[J]. IEEE Transactions on Geoence and Remote Sensing, 2014, 52(7): 4161-4172.

[8] JIANG Y H, ZHANG G, TANG X M, et al. Detection and correction of relative attitude errors for ZY1-02C[J]. Geoscience and Remote Sensing IEEE Transactions on, 2014, 52(12): 7674-7683.

[9] JIANG Y H, ZHANG G, CHEN P, et al. Systematic error compensation based on a rational function model for Ziyuan1-02C[J]. IEEE Transactions on Geoence and Remote Sensing, 2015, 53(7): 3985-3995.

[10] YANG B, WANG M. On-orbit geometric calibration method of ZY-1 02C panchromatic camera[J]. Journal of Remote Sensing, 2013, 17(5): 1175-1190.

[11] ZHANG G, JIANG Y H, LI D R, et al. In-orbit geometric calibration and validation of ZY-3 linear array sensors[J]. Photogrammetric Record, 2014, 29(145): 68-88.

[12] 张剑清, 胡安文. 多基线摄影测量前方交会及精度分析[J]. 武汉大学学报(信息科学版), 2007, 32(10): 847-851.

[13] WANG T Y, ZHANG G, LI D R. Planar block adjustment and orthorectification of ZY-3 satellite images[J]. Photogrammetric Engineering and Remote Sensing, 2014, 80(6): 559-570.

[14] 汪韬阳, 张过, 李德仁, 等. 资源三号测绘卫星影像平面和立体区域网平差比较[J]. 测绘学报, 2014, 43(4): 389-395.

[15] 李德仁, 郑肇葆. 解析摄影测量学[M]. 北京: 测绘出版社, 1992.

第6章　影像几何质量评价

　　光学卫星的几何质量评价体系包括绝对定位精度和相对定位精度。绝对定位精度是指影像像点通过几何定位模型或影像自身投影信息计算的地面三维坐标与其真实地面坐标的差值。在几何定标技术支撑下，影响卫星绝对定位精度的主要因素包括：姿轨测量随机误差、星敏与相机夹角稳定性。而相对定位精度则是指影像像点间几何定位偏差的一致性。在几何定标技术支撑下，影响卫星相对定位精度的主要因素包括：相机内方位元素的稳定性、姿轨随机误差、高频误差。此处将星上姿轨量化精度不高、测量频率不够而无法准确采样记录的姿轨误差及时间同步误差称为高频误差，而不仅仅局限于姿态抖动等常规的高频率误差。

　　光学影像中的具体评价指标、评价体系与星上设计反馈如表 6.1 所示。

表 6.1　高分光学/高光谱卫星各指标归属关系表

评价指标	评价体系		星上设计反馈
	绝对定位精度	相对定位精度	
单景无控定位精度	√		姿轨测量随机误差；星敏与相机夹角稳定性
单景带控定位精度	√	√	内方位元素的稳定性；高频误差；姿轨测量随机误差
单景线畸变		√	内方位元素的稳定性；高频误差；姿轨测量随机误差
单景谱段配准精度		√	内方位元素的稳定性；高频误差；姿轨测量随机误差
多时相影像配准精度		√	内方位元素的稳定性；高频误差；姿轨测量随机误差
多视影像平差精度	√	√	内方位元素的稳定性；高频误差；姿轨测量随机误差

6.1　在轨评价方法

6.1.1　绝对定位精度评测

1. 基于像方的评价

　　假设 N 个控制点 $(x,y,P,L,H)_{i,i \leqslant N}$ 对影像的绝对定位精度进行检查，检查步骤如下[1]：

（1）对任意一个控制点，利用定位模型计算控制点地面坐标 (P,L,H) 对应的影像坐标 (x',y')；

（2）计算（1）中控制点的绝对定位误差：$(\Delta x,\Delta y)=(x-x',y-y')$；

（3）重复步骤（1）、（2），直至计算完所有控制点的绝对定位误差；

（4）计算所有控制点绝对定位误差的中误差，作为最终精度评测结果：

$$\left(\sqrt{\frac{\sum_{i=1}^{N}(\Delta x_i)^2}{N}},\sqrt{\frac{\sum_{i=1}^{N}(\Delta y_i)^2}{N}}\right) \tag{6.1}$$

2. 基于物方的评价

假设 N 个控制点 $(x,y,P,L,H)_{i,i\leqslant N}$ 对影像的绝对定位精度进行检查，检查步骤如下：

（1）对任意一个控制点，利用控制点像点坐标 (x,y) 和高程 H，基于定位模型计算对应的影像地面坐标 (P',L')；

（2）计算（1）中控制点的绝对定位误差：

$$\Delta=6\,378\,140\cdot\cos^{-1}[\cos P'\cos P\cos(L'-L)+\sin P'\sin P] \tag{6.2}$$

（3）重复步骤（1）、（2），直至计算完所有控制点的绝对定位误差；

（4）计算所有控制点绝对定位误差的中误差，作为最终精度评测结果：

$$\sqrt{\frac{\sum_{i=1}^{N}(\Delta_i)^2}{N}} \tag{6.3}$$

6.1.2　相对定位精度评测

1. 单景带控定位精度

针对高分光学卫星标准景影像，利用附带的几何定位模型和地面控制点完成基于 RFM 的定向平差，计算并统计各检查点利用精化后 RFM[2, 3] 定位的定位误差，即为该标准景带控定位精度；统计不同时间、不同区域一定数量的标准景带控定位精度，即为该星的单景带控定位精度。

1）标准景带控定向

采用基于 RFM 的像方补偿方案进行带控定向。RFM 描述的像点坐标 (R,C) 和地面点坐标 (X,Y,Z) 之间的关系被修正为

$$\begin{cases} R + \Delta R = \dfrac{P_1(X_n, Y_n, Z_n)}{P_2(X_n, Y_n, Z_n)} R_s + R_o \\ C + \Delta C = \dfrac{P_3(X_n, Y_n, Z_n)}{P_4(X_n, Y_n, Z_n)} C_s + C_o \end{cases} \tag{6.4}$$

式中：$(\Delta R, \Delta C)$ 为像点坐标（R，C）的系统误差补偿值，采用最常用的补偿模型仿射变换模型进行处理[4, 5]。

$$\begin{cases} \Delta R = e_0 + e_1 R + e_2 C \\ \Delta C = f_0 + f_1 R + f_2 C \end{cases} \tag{6.5}$$

利用控制点，根据式（6.4）、式（6.5）求解 $e_0, e_1, e_2, f_0, f_1, f_2$。

2）标准景带控定位精度评估

利用控制点完成标准景带控定向后，根据式（6.4）计算所有检查点的像平面坐标。将所求检查点的像平面值 (X_i, Y_i) 与检查点真实量测像素坐标 (x_i, y_i) 在 X 方向和 Y 方向做一个差值，取所有检查点 X 方向差值的均方根为 δ_x，取所有检查点 Y 方向差值的均方根为 δ_y，$\delta = \sqrt{\delta_x^2 + \delta_y^2}$，即为标准景影像的带控定位精度。

2. 单景线畸变

针对高分光学卫星标准景影像，利用附带的有理函数模型，在 DEM 数据辅助下对影像任两像素解算其对应的物方坐标，计算两点在物方的三维矢量（计算矢量），与该两像素真实物方坐标计算的三维矢量（真实矢量）之差，为该两点线畸变，如图 6.1 所示。统计所有矢量的畸变大小，即为单景线畸变。

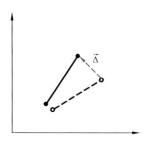

图 6.1　矢量误差示意图

假设 N 个控制点 $(x, y, P, L, H)_{i, i \leqslant N}$ 对影像的绝对定位精度进行检查，检查步骤如下：

（1）对于任意两个控制点 (x_1, y_1) 和 (x_2, y_2)，利用影像产品的 RFM 计算对应的地面坐标 (P_1', L_1', H_1') 和 (P_2', L_2', H_2')，将经纬度坐标转换成空间直角坐标

(X_1', Y_1', Z_1') 和 (X_2', Y_2', Z_2')，两点直接基于 RFM 模型计算的矢量为[6]

$$(X', Y', Z') = (X_2' - X_1', Y_2' - Y_1', Z_2' - Z_1')$$

（2）将（1）中两个控制点对应的地面坐标 (P_1, L_1, H_1) 和 (P_2, L_2, H_2)，将经纬度坐标转成空间直角坐标 (X_1, Y_1, Z_1) 和 (X_2, Y_2, Z_2)，两点真实物方矢量为

$$(X, Y, Z) = (X_2 - X_1, Y_2 - Y_1, Z_2 - Z_1)$$

（3）计算矢量误差：$(\Delta X, \Delta Y, \Delta Z) = (X - X', Y - Y', Z - Z')$，取矢量模作为具体指标，即 $\Delta = \sqrt{\Delta X^2 + \Delta Y^2 + \Delta Z^2}$；

（4）重复（1）～（3），直至遍历所有控制点组合，计算中误差：$\sqrt{\dfrac{\sum\limits_{i=1}^{N} (\Delta_i)^2}{N}}$。

3. 单景谱段配准精度

针对高分光学卫星标准景影像，评价多光谱/高光谱谱段间的配准精度指标[7]。

（1）在任意两谱段间通过高精度匹配算法自动获取同名点 n 对：

$$(x_{b1}, y_{b1}, x_{b2}, y_{b2})_i \leqslant i$$

（2）计算谱段间匹配误差：$(\Delta x, \Delta y)_i = (x_{b1} - x_{b2}, y_{b1} - y_{b2})_i$；

（3）计算所有点的匹配误差，并统计中误差：

$$\left(\delta_x = \sqrt{\frac{\sum\limits_{i=1}^{N} (\Delta x_i)^2}{n}}, \quad \delta_y = \sqrt{\frac{\sum\limits_{i=1}^{N} (\Delta y_i)^2}{n}} \right), \quad \delta = \sqrt{\delta_x^2 + \delta_y^2}$$

4. 多时相影像配准精度

针对高分光学卫星多时相影像（含全色、多光谱），评价影像间配准精度指标[8]。

（1）在任意两影像间通过高精度匹配算法自动获取同名点 n 对：

$$(x_{b1}, y_{b1}, x_{b2}, y_{b2})_i \leqslant i$$

（2）计算影像间匹配误差：$(\Delta x, \Delta y)_i = (x_{b1} - x_{b2}, y_{b1} - y_{b2})_i$；

（3）计算所有点的匹配误差，并统计中误差：

$$\left(\delta_x = \sqrt{\frac{\sum\limits_{i=1}^{N} (\Delta x_i)^2}{n}}, \quad \delta_y = \sqrt{\frac{\sum\limits_{i=1}^{N} (\Delta y_i)^2}{n}} \right), \quad \delta = \sqrt{\delta_x^2 + \delta_y^2}$$

5. 多视影像平差精度

针对高分光学卫星某区域影像，利用附带的几何定位模型（RFM）完成基于

RFM 的区域网平差（无/有控制点），计算并统计各检查点利用精化后 RFM 定位的交会定位误差，即为该区域多视影像平差精度；统计不同时间、不同区域一定数量的多视影像，即为该星的多视影像平差精度[5, 9]。

1）多视影像平差

在 RFM 的基础上建立影像面上的仿射变换模型来纠正这两类误差。仿射变换定义如下：

$$\begin{cases} \Delta x = \alpha_0 + \alpha_1 \cdot \text{sample} + \alpha_2 \cdot \text{line} \\ \Delta y = \beta_0 + \beta_1 \cdot \text{sample} + \beta_2 \cdot \text{line} \end{cases} \quad (6.6)$$

式中：$\Delta x, \Delta y$ 为控制点在影像坐标系中量测坐标与真实坐标的差值；sample,line 为地面控制点利用 RFM 投影至影像面的像面坐标值；$\alpha_0, \alpha_1, \alpha_2, \beta_0, \beta_1, \beta_2$ 为影像对应的平差参数。

基于 RFM 的平差形式可以写成

$$\begin{cases} F_x = \alpha_0 + \alpha_1 \cdot \text{sample} + \alpha_2 \cdot \text{line} + \text{sample} - x = 0 \\ F_y = \beta_0 + \beta_1 \cdot \text{sample} + \beta_2 \cdot \text{line} + \text{line} - y = 0 \end{cases} \quad (6.7)$$

式中：x, y 为控制点对应在影像上的量测坐标值。

在此基础上，对各连接点建立如下误差方程：

$$\begin{cases} v_x = \begin{pmatrix} \dfrac{\partial F_x}{\partial \alpha_0} \cdot \Delta\alpha_0 + \dfrac{\partial F_x}{\partial \alpha_1} \cdot \Delta\alpha_1 + \dfrac{\partial F_x}{\partial \alpha_2} \cdot \Delta\alpha_2 + \dfrac{\partial F_x}{\partial \beta_0} \cdot \Delta\beta_0 + \dfrac{\partial F_x}{\partial \beta_1} \cdot \Delta\beta_1 + \dfrac{\partial F_x}{\partial \beta_2} \cdot \Delta\beta_2 \\ + \dfrac{\partial F_x}{\partial \text{lat}} \cdot \Delta\text{lat} + \dfrac{\partial F_x}{\partial \text{lon}} \cdot \Delta\text{lon} + \dfrac{\partial F_x}{\partial \text{height}} \cdot \Delta\text{height} \end{pmatrix} + F_{x_0} \\ v_y = \begin{pmatrix} \dfrac{\partial F_y}{\partial \alpha_0} \cdot \Delta\alpha_0 + \dfrac{\partial F_y}{\partial \alpha_1} \cdot \Delta\alpha_1 + \dfrac{\partial F_y}{\partial \alpha_2} \cdot \Delta\alpha_2 + \dfrac{\partial F_y}{\partial \beta_0} \cdot \Delta\beta_0 + \dfrac{\partial F_y}{\partial \beta_1} \cdot \Delta\beta_1 + \dfrac{\partial F_y}{\partial \beta_2} \cdot \Delta\beta_2 \\ + \dfrac{\partial F_y}{\partial \text{lat}} \cdot \Delta\text{lat} + \dfrac{\partial F_y}{\partial \text{lon}} \cdot \Delta\text{lon} + \dfrac{\partial F_y}{\partial \text{height}} \cdot \Delta\text{height} \end{pmatrix} + F_{y_0} \end{cases} \quad (6.8)$$

同理，可以对各控制点列出如下误差方程：

$$\begin{cases} v_x = \begin{pmatrix} \dfrac{\partial F_x}{\partial \alpha_0} \cdot \Delta\alpha_0 + \dfrac{\partial F_x}{\partial \alpha_1} \cdot \Delta\alpha_1 + \dfrac{\partial F_x}{\partial \alpha_2} \cdot \Delta\alpha_2 + \dfrac{\partial F_x}{\partial \beta_0} \cdot \Delta\beta_0 + \dfrac{\partial F_x}{\partial \beta_1} \cdot \Delta\beta_1 + \dfrac{\partial F_x}{\partial \beta_2} \cdot \Delta\beta_2 \end{pmatrix} + F_{x_0} \\ v_y = \begin{pmatrix} \dfrac{\partial F_y}{\partial \alpha_0} \cdot \Delta\alpha_0 + \dfrac{\partial F_y}{\partial \alpha_1} \cdot \Delta\alpha_1 + \dfrac{\partial F_y}{\partial \alpha_2} \cdot \Delta\alpha_2 + \dfrac{\partial F_y}{\partial \beta_0} \cdot \Delta\beta_0 + \dfrac{\partial F_y}{\partial \beta_1} \cdot \Delta\beta_1 + \dfrac{\partial F_y}{\partial \beta_2} \cdot \Delta\beta_2 \end{pmatrix} + F_{y_0} \end{cases} \quad (6.9)$$

式（6.8）和式（6.9）可以分别表示为

$$\begin{cases} V = At + BX - l & （连接点） \\ V = At - l & （控制点） \end{cases} \quad (6.10)$$

其中

$$\begin{cases} V = \begin{pmatrix} v_x \\ v_y \end{pmatrix} \\ l = \begin{pmatrix} -F_{x_0} \\ -F_{y_0} \end{pmatrix} \\ A = \begin{pmatrix} \dfrac{\partial F_x}{\partial \alpha_0} & \dfrac{\partial F_x}{\partial \alpha_1} & \dfrac{\partial F_x}{\partial \alpha_2} & \dfrac{\partial F_x}{\partial \beta_0} & \dfrac{\partial F_x}{\partial \beta_1} & \dfrac{\partial F_x}{\partial \beta_2} \\ \dfrac{\partial F_y}{\partial \alpha_0} & \dfrac{\partial F_y}{\partial \alpha_1} & \dfrac{\partial F_y}{\partial \alpha_2} & \dfrac{\partial F_y}{\partial \beta_0} & \dfrac{\partial F_y}{\partial \beta_1} & \dfrac{\partial F_y}{\partial \beta_2} \end{pmatrix} \\ t = \begin{pmatrix} \Delta\alpha_0 & \Delta\alpha_1 & \Delta\alpha_2 & \Delta\beta_0 & \Delta\beta_1 & \Delta\beta_2 \end{pmatrix}^{\mathrm{T}} \\ B = \begin{pmatrix} \dfrac{\partial F_x}{\partial \mathrm{lat}} & \dfrac{\partial F_x}{\partial \mathrm{lon}} & \dfrac{\partial F_x}{\partial \mathrm{height}} \\ \dfrac{\partial F_y}{\partial \mathrm{lat}} & \dfrac{\partial F_y}{\partial \mathrm{lon}} & \dfrac{\partial F_y}{\partial \mathrm{height}} \end{pmatrix} \\ X = \begin{pmatrix} \Delta\mathrm{lat} & \Delta\mathrm{lon} & \Delta\mathrm{height} \end{pmatrix}^{\mathrm{T}} \end{cases} \quad (6.11)$$

式（6.10）和传统光束法平差[10]的误差方程类似，可采用直接列改化法方程的策略，消除连接点地面坐标未知数，仅保留像面的变换系数，采取和传统光束法平差一样的方法进行平差。

根据最小二乘平差原理构建法方程

$$\begin{pmatrix} A^{\mathrm{T}}A & A^{\mathrm{T}}B \\ B^{\mathrm{T}}A & B^{\mathrm{T}}B \end{pmatrix} \begin{pmatrix} t \\ X \end{pmatrix} = \begin{pmatrix} A^{\mathrm{T}}l \\ B^{\mathrm{T}}l \end{pmatrix} \quad (6.12)$$

消除地面控制点对应的未知数 X 项，得到仅包含像面仿射变换参数 t 的改化法方程，如下：

$$[A^{\mathrm{T}}A - A^{\mathrm{T}}B(B^{\mathrm{T}}B)^{-1}B^{\mathrm{T}}A] \cdot t = A^{\mathrm{T}}l - A^{\mathrm{T}}B(B^{\mathrm{T}}B)^{-1}B^{\mathrm{T}}l \quad (6.13)$$

求解上式，得到仿射变换参数 t：

$$t = [A^{\mathrm{T}}A - A^{\mathrm{T}}B(B^{\mathrm{T}}B)^{-1}B^{\mathrm{T}}A]^{-1} \cdot (A^{\mathrm{T}}l - A^{\mathrm{T}}B(B^{\mathrm{T}}B)^{-1}B^{\mathrm{T}}l) \quad (6.14)$$

2）多视影像平差精度评估

利用检查点，根据平差后的地面点坐标值 $(\hat{X}, \hat{Y}, \hat{Z})$，其与检查点的物方坐标 $(X_{\mathrm{check}}, Y_{\mathrm{check}}, Z_{\mathrm{check}})$ 之间的中误差（RMSE）可按下式计算：

$$\begin{cases} \mathrm{RMSE}_X^2 = \dfrac{\displaystyle\sum_{i=1}^{n_{\mathrm{c}}}(\hat{X}-X_{\mathrm{check}})^2}{n_{\mathrm{c}}} \\[3mm] \mathrm{RMSE}_Y^2 = \dfrac{\displaystyle\sum_{i=1}^{n_{\mathrm{c}}}(\hat{Y}-Y_{\mathrm{check}})^2}{n_{\mathrm{c}}} \\[3mm] \mathrm{RMSE}_Z^2 = \dfrac{\displaystyle\sum_{i=1}^{n_{\mathrm{c}}}(\hat{Z}-Z_{\mathrm{check}})^2}{n_{\mathrm{c}}} \end{cases} \tag{6.15}$$

6.2 在轨评测方案

6.2.1 控制布设/选取方案

根据线阵 CCD 推扫成像的特性，相机畸变对几何质量的影响主要沿 CCD 方向[11, 12]，而高频误差对几何质量的影响主要沿飞行方向。因此，为更好地区分内方位元素误差和高频误差对几何质量的影响，应根据各自的影响特性布设或者选取检查点。如图 6.2 所示，红色两排控制点主要用于反映内方位元素误差的影响，而蓝色两排则主要用于反映外方位元素高频误差的影响。

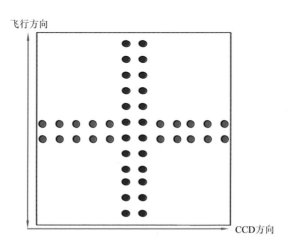

图 6.2　几何质量评测控制布设方案

6.2.2　评测方法的选择方案

从用户角度出发，几何质量评测的目的是对业务系统生产产品几何质量的客观评价；而从卫星研发角度出发，几何质量评测的目的则是通过对产品几何质量的评价来反馈星上误差源，最终起到指导卫星设计的作用。

本章较为完整地给出了光学卫星产品几何指标评测方法，由于部分指标之间反馈的是同一星上误差源，如谱段配准精度、相邻 CCD 定位一致性评测等。考虑评测方法的最优选择方案，减小几何质量评测工作量的同时又不失客观性，就需要分析冗余性指标的取舍，本节仅对评测方法选择进行论述。

相对定位精度评测中涉及两组冗余指标：

（1）单景定向指标和立体平差指标；

（2）谱段间配准精度指标，相邻 CCD 定位一致性指标，同平台双相机定位一致性评测指标，"高频"成像扭曲指标。

对于第一组冗余指标：无论是单景定向指标或是立体平差指标，其反馈的星上误差源一致；而从评测过程来看，单景定向仅需要单景数据，而立体平差则需要一定交会角的多景数据；且由于立体平差评测数据拍摄角度差异较大，评测过程中的同名点选取精度低，将会影响评测精度。因此，对于遥感卫星，建议选用单景定向指标。

第二组冗余指标如下所示。

（1）谱段间配准精度指标：相比全色相邻 CCD 定位一致性指标，由于多光谱积分时间长于全色 CCD，该方法能评测的高频误差的最高频率低于全色相邻 CCD 定位一致性指标。

（2）相邻 CCD 定位一致性指标：如（1）所述，其探测的高频误差带宽宽于谱段间配准精度指标，但现役光学卫星多 CCD 逐渐变成以光学拼接为主，相邻 CCD 同名点几乎是同时成像，这使得相邻 CCD 定位一致性指标对噪声过于敏感，探测结果不精确。

（3）同平台双相机定位一致性评测指标：当利用全色的双相机进行评价时，其探测的高频误差带宽宽于谱段间配准精度指标，但该方法的使用要求卫星具备双相机条件。

（4）"高频"成像扭曲指标：该指标能够直观真实地反映卫星平台非稳态成像，但是严格意义来说，"高频"成像扭曲并不能简单理解为星上受到高频误差影响，因为即便卫星存在高频抖动，成像图像存在扭曲，只要卫星下传姿态能够准确测量并完整记录所有高频信息，就不能认为卫星受到高频误差影响。

　　另外，对于单景定向指标和点对矢量误差指标，则建议配合使用。这是因为单景定向指标评测的是误差模型高于一次项的误差源（如镜头畸变等），而点对矢量误差指标评测的是误差模型高于零次项的误差源（如偏航角误差）。因此，通过对比单景定向指标和点对矢量误差指标，就能看出误差模型为一次项的各误差源，即卫星偏航角误差，探元尺寸误差，主距误差等。

　　根据以上分析，可采用如下评测方案。

　　（1）对于多 CCD 物理拼接卫星评测方法：

　　◇　绝对定位精度评测方法

　　◇　基于单景定向的评测方法

　　◇　基于点对矢量的评测方法

　　◇　相邻 CCD 定位一致性评测方法

　　（2）对于单相机多 CCD 光学拼接卫星评测方法：

　　◇　绝对定位精度评测方法

　　◇　基于单景定向的评测方法

　　◇　基于点对矢量的评测方法

　　◇　相邻谱段定位一致性评测方法

　　（3）对于双相机多 CCD 光学拼接卫星评测方法：

　　◇　绝对定位精度评测方法

　　◇　基于单景定向的评测方法

　　◇　基于点对矢量的评测方法

　　◇　同平台双相机定位一致性评测方法

　　（4）对于单相机单 CCD 卫星评测方法：

　　◇　绝对定位精度评测方法

　　◇　基于单景定向的评测方法

　　◇　基于点对矢量的评测方法

　　◇　"高频"成像扭曲评测方法

参 考 文 献

[1] 季顺平, 袁修孝. 基于 RFM 的高分辨率卫星遥感影像自动匹配研究[J]. 测绘学报, 2010, 39(6): 592-598.

[2] 张力, 张继贤, 陈向阳, 等. 基于有理多项式模型 RFM 的稀少控制 SPOT-5 卫星影像区域网平差[J]. 测绘学报, 2009, 38(4): 24-32.

[3] 张剑清, 张祖勋. 高分辨率遥感影像基于仿射变换的严格几何模型[J]. 武汉大学学报(信息科学版), 2002, 27(6): 555-558.

[4] 李庆鹏, 王志刚, 陈琦. 基于严格仿射变换模型的遥感影像 RPC 参数求解[J]. 测绘地理信息, 2011, 36(3): 1-4.

[5] 汪韬阳, 张过, 李德仁, 等. 资源三号测绘卫星影像平面和立体区域网平差比较[J]. 测绘学报, 2014(4): 389-395.

[6] 刘军, 张永生, 王冬红. 基于 RPC 模型的高分辨率卫星影像精确定位[J]. 测绘学报, 2006, 35(1): 30-34.

[7] 蒋永华, 张过, 唐新明, 等. 资源三号测绘卫星多光谱影像高精度谱段配准[J]. 测绘学报, 2013(6): 884-890.

[8] 李兰君, 刘琼. 一种快速 CCD 目标定位方法[J]. 传感器与微系统, 2000, 19(4): 57-58.

[9] TAO C V, HU Y. A comprehensive study of the rational function model for photogrammetric processing[J]. Photogrammetric Engineering and Remote Sensing, 2001, 67(12): 1347-1357.

[10] 余岸竹, 姜挺, 郭文月, 等. 总体最小二乘用于线阵卫星遥感影像光束法平差解算[J]. 测绘学报, 2016, 45(4): 442-449.

[11] 田雪, 雷志勇, 王泽民. 线阵 CCD 相机镜头畸变标定方法[J]. 电声技术, 2014, 38(4): 62-66.

[12] 徐芳. 基于 FPGA 的航空 CCD 相机图像畸变校正技术研究[D]. 北京: 中国科学院大学, 2013.